"十三五"普通高等教育规划教材

Anquanxue yuanli

# 安全学原理

徐 锋 朱丽华 主 编

中国质检出版社
中国标准出版社
北 京

**图书在版编目（CIP）数据**

安全学原理/徐锋,朱丽华主编.—北京:中国质检出版社,2016.1(2022.4 重印)
ISBN 978 - 7 - 5026 - 4209 - 9

Ⅰ.①安⋯　Ⅱ.①徐⋯ ②朱⋯　Ⅲ.①安全科学　Ⅳ.①X9

中国版本图书馆 CIP 数据核字(2015)第 181789 号

## 内 容 提 要

　　本书是安全工程专业必修的基础课,也是相近专业学生学习和了解安全工程知识的入门课程。全书共分 5 章,主要内容包括安全与安全科学概述、安全观、事故及事故致因理论、事故预测理论、事故预防理论。全书内容丰富、结构完整、重点突出。

　　本书可作为高等院校安全工程专业本科生教材,也可作为相关专业的本科生、研究生及安全管理和安全技术人员的参考书。

中国质检出版社
中国标准出版社　出版发行
北京市朝阳区和平里西街甲 2 号(100029)
北京市西城区三里河北街 16 号(100045)
网址:www.spc.net.cn
总编室:(010)68533533　发行中心:(010)51780238
读者服务部:(010)68523946
中国标准出版社秦皇岛印刷厂印刷
各地新华书店经销

\*

开本 787×1092　1/16　印张 9　字数 225 千字
2016 年 1 月第一版　　2022 年 4 月第三次印刷

\*

定价:25.00 元

**如有印装差错　由本社发行中心调换**
**版权专有　侵权必究**
**举报电话:(010)68510107**

# 审定委员会

主　编　宋守信（北京交通大学）

副主编　吴　穹（沈阳航空航天大学）
　　　　罗　云（中国地质大学）

委　员　蒋军成（南京工业大学）
　　　　钮英建（首都经济贸易大学）
　　　　王述洋（东北林业大学）
　　　　许开立（东北大学）

# 本 书 编 委 会

主 编　徐　锋（黑龙江科技大学）
　　　　朱丽华（黑龙江科技大学）

参　编　刘应科（中国矿业大学）
　　　　卢丽丽（湖南农业大学）
　　　　贾廷贵（辽宁工程技术大学）

# 序 言

众所周知，安全是构建和谐社会的基础。安全生产事关人民群众生命和国家财产安全，是保护和发展社会生产力、促进社会和经济持续健康发展的基本条件，是社会文明与进步的重要标志，也是提高国家综合国力和国际声誉的具体体现。在全面建设小康社会、加快推进社会主义现代化、实现中华民族伟大复兴的进程中，安全生产在国家安全、经济和社会发展中占据越来越重要的地位。安全工程是指在具体的领域中，运用种种安全技术及其综合集成技术，以及保障人体动态安全的方法、手段、措施的工程。安全工程的实践，是为人们在生产和生活中生命和健康得到保障，身体及其设备、财产不受到损害，提供直接和间接的保障。安全工程专业主要任务是培养适应社会主义市场经济发展的需要，掌握安全科学、安全技术和安全管理的基础理论、基本知识、基本技能，具备一定的从事安全工程方面的设计、研究、检测、评价、监察和管理等工作的基本能力和素质，德、智、体全面发展的高级专业人才。随着现代工业生产规模日趋扩大，生产系统日益复杂，加之高新技术的不断引入，生产过程中涉及的环境、设备、工艺和操作的危险因素变得更加复杂、隐蔽，产生的风险越来越大，事故后果也越来越严重。因此，社会对安全工程专业人员的要求越来越高，安全工程专业的人才市场需求也越来越大。

安全工程专业的本科教育是我国培养安全工程专业高级人才的重要途径，也是确保安全科学与技术能够蓬勃发展的重要基础。如何培养能适应现代科学技术发展，满足社会需要的安全科学专门人才，是安全工程高等教育的核心问题。为此，教育部和国务院学位委员会对安全工程专业作出了调整，将"安全科学与工程"升级为一级学科，下设"安全科学"、"安全技术"、"安全系统工程"、"安全与应急管理"、"职业安全健康"等5个二级学科。而教育部高教司给出的安全工程（本科）专业的培养目标是"培养能够从事安全技术及工程、安全科学与研究、安全监督与管理、安全健康环境检测与监测、安全设计与生产、安全教育与培训等方面复合型的高级工程技术人才"。

我国绝大多数高校的安全工程专业都是为适应市场需求而于近些年开设的，其人才培养的硬件、软件和师资等都相对较弱，在安全工程专业课程体系的构成上缺乏共识，各高校共性核心的内容少，而且应用性课程多，理论性课程少；工具性课程多，价值性课程少。课程设置的差异，导致安全工程专业的教材远不能满足本专业教学和学科发展的需要，为此，中国质检出版社根据教育部《"十三五"普通高等教育本科教材建设的基本原则》，组织北京交通大学、中国地质大学、沈阳航空航天大学、南京工业大学、河北科技大学、东北林业大学、西安石油大学等多所相关高校和科研院所中具有丰富安全工程实践和教学经验的专家学者，编写出版了这套以公共安全为方向，既有自身鲜明特色又体现国家和学科自身发展需要的系列教材，以进一步提高安全科学与工程类专业的教学水平，从而培养素质全面、适应性强、有创新能力的安全技术人才。该套教材从当前社会生产的实际需要出发，注重理论与实践相结合，满足了当前我国培养合格安全工程专业人才的迫切需要。相信该套教材的成功出版发行，必将会推动我国安全工程类高等教育教材体系建设的逐步完善和不断发展，助推国家新世纪应用型人才培养战略的成功实施。

教材审定委员会

2015 年 4 月

# 前 言
• FOREWORD •

　　安全是人类永恒的主题，是人类最基本的需求。也就是说，安全是人类生存的必要前提。同时，安全也是人类文明和进步的重要标志之一。做好安全生产工作，对促进生产发展、提高人民生活质量，乃至巩固社会和谐稳定都具有十分重要的意义。随着科学技术的不断进步，工业生产规模日趋扩大，生产过程日益自动化，生产中的安全问题越发复杂。在这种背景下，迫切需要培养大批高素质的安全科技人才。

　　本书是安全工程专业的主要基础课程之一，是了解安全工程知识的入门课程。本书从对安全与安全科学概述着手，对安全观、事故及事故致因理论、事故预测理论、事故预防理论等方面进行详细阐述。希望通过这门课程，使学生能够理清安全科学的研究内容和学科体系，在掌握安全学基本原理的基础上，树立正确的安全观，运用正确的安全方法指导并开展安全领域中的工作与研究，并为后续专业课程的学习奠定坚实的基础。

　　本书是在参考同类教材的基础上，经过精心细化、整理编写而成的。全书共分5章，第一章介绍了安全的概念与特征、安全科学的产生和发展、安全科学的学科体系、安全工程专业的课程设置等内容；第二章介绍了安全科学的哲学基础、安全观及其发展、安全的属性及规律、安全价值观、大安全观等内容；第三章介绍了事故概述、事故致因理论的起源与发展，并重点介绍了古典事故致因链、近代事故致因链、现代事故致因链中的一些主要模型，同时介绍了事故归因论和安全累积原理；第四章介绍了事故预测概述和德尔菲法、时间序列预测法、回归预测法、马尔柯夫链预测法、灰色预测法等事故预测方法；第五章介绍了事故可预防原理以及风险最小化方法、人－机－环境匹配方法、安全目标的动态调整法、安全教育与技能训练方法、加强安全文化建设法、失误和不安全行为控制方法等事故预防方法。

本书第一章、第二章、第四章由黑龙江科技大学徐锋编写，第三章由中国矿业大学刘应科、湖南农业大学卢丽丽、辽宁工程技术大学贾廷贵共同编写，第五章由黑龙江科技大学朱丽华编写。编写过程中参阅了大量的文献资料，在此，对所引用的参考资料的作者一并表示感谢。

由于作者水平有限，书中不足之处在所难免，恳求读者批评指正！

编　者

2015 年 4 月

# 目　录

• CONTENTS •

# 第一章　安全与安全科学概述

## 第一节　安全的概念与特征

### 一、安全问题产生及其认识过程

#### (一)安全问题的产生

提到安全问题,人们自然会联想到环境安全、食品安全、生产安全、能源安全问题等。这些都是与人类息息相关的安全问题,所以这里所提及的安全问题是人类的生存、生活、生产领域的安全问题。安全问题伴随人类的诞生而产生,随着人类社会的发展而变化。

在远古时代,人类的祖先挖穴而居,栖树而息,完全是大自然的一部分,是一种纯粹的"自然存在物",完全依附于自然。当时的人类,在自然界面前是软弱被动的,经常受到雷电、风暴、地震等自然灾害的困扰。这一时期的安全问题主要来自于自然灾害。

人类要生存,必须解决吃饭问题。早期,人类解决吃饭问题的方式有 2 种:果实采摘和狩猎。由于长期的实践、灵感智商的触动,出现了农业革命,果实采集业演变为种植业,狩猎业演变为畜牧业,人类进入了农业社会。跨入农业社会后,人类开始逐渐摆脱大自然的桎梏,但在人类改造自然,创造人类文明的过程中,人为灾害也越来越多了。在这一时期,由于人类对客观世界的认识还十分肤浅,与大自然抗争的手段也十分简单、有限,同时,可利用的自然资源也极为有限,安全问题大多数仍来自于自然,只有少数的人为灾害,如人为原因引起的火灾、耕作中受到的伤害等。

随着人类文明的发展,人们产生了对穿、住、用的需求,于是与之相应的纺织业、住宅建筑业、日用品制造业出现于人类社会,人类进入了工业时代。到了工业时代,人类的科技水平和生产力水平飞速发展,人类利用技术开发资源、制造机器、生产物质财富,可以说技术无处不在。然而,随着技术的进步,新的灾难也随着而来。现代社会高科技的发展,改变了人类生存的环境,在给人们带来更多便利的同时,也带来了巨大的灾难。目前,全世界每年约有 4200 多亿立方米的污水排入江河湖海,污染了 5.5 万亿立方米的淡水,这相当于全球径流总量的 14%以上。每年全世界有 12 亿人口因饮用受污染的水而患病,全球每天有多达 6000 名少年儿童因饮用水卫生状况恶劣而死亡。此外,核安全问题、航空航天事故、交通运输事故、矿山及工业灾害也相当严重。

#### (二)人类对安全的认识过程

人类自诞生以来,就面临着安全问题。安全问题随着人类社会的进步与发展而变化,人类对安全问题的认识也逐渐加深。人类对安全的认识过程大致可分为 5 个阶段。

**1. 不自觉的安全认识阶段**

在远古时代,人类完全依附于自然,生产力极为低下,人类几乎没有主动的安全意识,只有动物性的躲避灾害行为,也就是说,人类对自身的安全问题还缺乏自觉的认识。从科学的高度来看,人类尚处于不自觉的或无知的安全认识阶段。

**2. 初级的安全认识阶段**

进入农业社会后,随着生产力和科技水平的提高,人类的认知能力有了较大的提升,对灾害有了防御的意识。但此时人类对安全的认识还是自发的、模糊的,还没有探究安全的内在规律。虽然人们能主动采取专门的安全技术措施来应对灾害,但所采取的安全技术措施很简单。

**3. 局部的安全认识阶段**

工业革命以后,大型动力机械的应用,导致危害因素和生产力同步增长,迫使人们不得不对局部人为安全问题进行深入认识和研究,于是逐渐形成了较为深入的安全理论和技术。但各行业的安全理论是分散的、不完整的,人们对安全规律还缺乏系统的认识,所采取的安全技术手段也是单一的。所以,此时人类尚处于局部的安全认识阶段。

**4. 系统的安全认识阶段**

随着生产力和科学技术的进步,军事工业、航空工业,特别是原子能和航天技术等复杂的大型生产系统和机器系统的形成,局部的安全认识和单一的安全技术措施已经无法解决这类生产制造和设备运行系统的安全问题。这促使人们深入探究安全的本质规律,从而发展了与生产力相适应的系统安全工程技术措施,从此,人类步入系统安全认识阶段。

**5. 动态的安全认识阶段**

当今,科学技术特别是高科技的发展极大的促进了生产力的发展,但由于系统的高度集成,加之系统是不断发展和变化的,静态的系统安全工程技术措施和系统安全认识已经不能很好地解决动态过程中随机发生的安全问题,这要求人们必须对系统的运行进行动态的掌握。随之,人类进入了动态的安全认识阶段。

## 二、安全的概念及特征

### (一)安全的概念

安全可能指组织、设备、设施、时间段、空间范围等的状态是否安全,例如,"某单位安全怎么样",这句话就是在问这个单位的状态是否安全及安全业绩如何;同时,安全也可能指一个"业务领域",即"安全工作",例如,"某人在单位负责安全工作",这里的"安全"指的是他的工作或业务。本教材仅讨论安全状态。

人们常说"无危则安,无损则全",即没有危险、没有损失的状态就是安全状态。但事实上,何为安,何为损,没有定量的含义,而完全的"无"也是不可能的。这样哲学地探讨比较困难,也比较空泛,而且对实际工作也没有太多帮助。具有定量含义的安全概念是指"安全是人们免遭不可接受风险的状态"。因为风险是可以测量的,所以这个概念具有定量的含义,而且也便于在实际工作中应用。从安全的概念可以看出,安全表述的是一个复杂物质系统的动态过程或状态,过程或状态的目标是使人和物不受到伤害或损失。安全还可表述为是人们的一种理念,即人和物不会受到伤害和损失的理想状态。安全也可表述为是一种特定的技术状态,即满足一定安全技术指标要求的物态。

这里有必要介绍一下风险的概念和计算方法。风险是事故发生的可能性与其后果的乘积。风险有多种计算方法,典型的、可以使用的计算公式为 $R = P \cdot C$。其中 $R$ 为风险值,无量纲;$P$ 为危险源导致事故发生的可能性(概率);$C$ 代表事故所造成的后果,即损失率,常用经济损失来表示。人们通常根据过去的事故统计,得到事故发生的频率和事故损失率,并用它们代替 $P$ 和 $C$,代入公式 $R = P \cdot C$,从而计算出或者估计出 $R$ 的数值。

### (二)安全的基本特征

#### 1. 安全的必要性和普遍性

安全是人类永恒的主题,是人类最基本的需求。也就是说,安全是人类生存的必要前提。如果生命安全不能保障,生存就不能维持,繁衍也无法延续。人和物遭遇到人为的或天然的危害或损坏极为常见,不安全因素是客观存在的,因此,实现人的安全又是普遍需要的。在人类活动的一切领域,人们必须尽力减少失误、降低风险,尽量使物趋向本质安全化,使人能控制和减少灾害,维护人与物、人与人、物与物相互间的协调运转,为生产活动提供必要的基础条件,发挥人和物的生产力作用。

#### 2. 安全的随机性和相对性

"安全"一词描述的是一种状态,是指没有事故及事故发生的可能性的状态。但这种状态的存在和维持时间、地点及其动态平衡的方式都带有随机性。如果安全条件变化,人、机、环境之间的关系失调,事故会随时发生。从科学的角度讲"绝对安全"的状态在客观上是不存在的,世界上没有绝对安全的事物,任何事物中都包含有不安全的因素,具有一定的危险性。

从安全的定义角度讲,安全是人们免遭不可接受风险的状态。可以用"事前指标"衡量风险可接受与否,如一定时期内识别出的危险源数量、执行安全监察的次数、完成安全培训的人次数或者时间等。也可以使用"事后指标"来描述风险是否可被接受,例如,事故死亡人数、受伤人次数、歇工天数等绝对指标以及与之相对应的相对指标。其实,无论使用事前指标还是事后指标,安全都具有相对性,也就是说,在不同的社会发展状况、不同的科学技术发展水平下,人们对风险水平的看法(风险值的可接受与不可接受的看法)是不同的,而且不同的人对组织风险的可接受程度也不相同。换言之,安全只是一个相对的概念。从安全技术的角度讲,绝对的安全,即 100% 的安全性,只是社会和人们努力追求的目标,不可能达到。安全具有相对性。

#### 3. 安全的局部稳定性

无条件地追求系统的绝对安全是不可能的,但有条件地实现局部安全或追求本质安全化,是可以达到的。本质安全化一般是针对某一个系统(或设施)而言,是表明该系统的安全技术与安全管理水平已经达到了本部门当代的基本要求,系统可以较为安全可靠地运行。但并不表明该系统不会发生事故。本质安全化的程度是相对的,不同的技术经济条件有不同的本质安全化水平,当代本质安全化并不是绝对本质安全化。由于技术经济的原因,系统的许多方面尚未安全化,事故隐患仍然存在,事故发生的可能性并未彻底消除,只是有了将事故损失控制在被接受程度上的可能性。

#### 4. 安全的经济性

安全的经济性可以通过多种形式表现。安全保障了技术功能的正常发挥,使生产得以顺利进行,从而直接促进生产和经济的发展;安全保护了生产者,并使其健康和身心得以维护,从而提高了人员的劳动生产率,达到促使经济增长的作用;安全的措施使人员伤亡和财产的损失

3

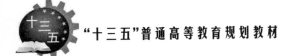

得以避免或减少,减负为正,直接起到为社会经济增值的目的;安全使人的心理及生理需要获得满足,产生安定、幸福乃至舒适的效果,从而使人们更加热爱社会、工作和自己所从事的事业,调动了公民的劳动积极性,从而间接地促进了社会经济的发展。

**5. 安全的复杂性**

安全与否取决于人、物(机)和人与物(机)的关系的协调,实际上形成了人(主体)-机(对象)-环境(条件)运转系统,这是一个自然与社会结合的开放性系统。在安全活动中,由于人的主导作用和本质属性,包括人的思维、心理、生理等因素以及人与社会的关系,即人的生物性和社会性,使得安全问题具有极大的复杂性。

**6. 安全的社会性**

安全与社会的稳定直接相关。无论人为的或自然的灾害,都给国计民生(包括个人、家庭、企事业单位或社团群体)带来心灵上和物质上的社会性危害,社会的稳定成为影响社会安定的重要因素。安全社会性的一个重要方面还体现在对各级行政部门以及国家领导人或政府高层次决策者的影响,每一次特别重大事故的发生,无不牵涉到上至国家最高领导人,下至各级地方政府领导的精力。

**7. 安全的潜隐性**

对各类事物的安全本质和运动变化规律的把握程度,总是受人的认识能力和科技水平的局限。安全服务于生产,它所创造的效益大多不是从其本身的功能中体现出来,而更多的是隐含在因事故减少而提高了效率的生产经营行为和因事故减少获得了生命和健康的员工群体中。安全的潜隐性,使得在现实的生产生活中人们容易产生错误的认识,即安全无作用,有了事故才需要安全,事故越多越大,安全越重要,事故越少越小,安全越次要。

# 第二节　安全科学的产生和发展

## 一、安全科学的产生

### (一)安全科学产生的时代背景

随着科技进步和社会发展,各门类科学在纵向高度分化的同时,又形成了横向高度综合的趋势,导致自然科学和社会科学日趋交叉和融合,出现了学科间相互交叉、综合、渗透、重构的趋势,在各学科间的交叉地带孕育着新兴学科,即交叉学科。交叉科学的出现是历史的必然,这为安全科学的诞生创造了良好的条件。

安全科学是现代化生产与现代科技发展的需要与结果。现代化生产具有高能量、系统化、连续作业的特点,一旦发生事故,其规模、危害程度、经济损失,较传统工业更大、更严重。自20世纪50年代以来,以发达国家为代表的科学技术取得了突飞猛进的发展,生产高度机械化、电气化和自动化。当人们的物质生活水平日益提高的同时,也对自身的健康和安全以及环境的质量提出了更高的要求。高科技、新材料、新技术的应用常会引发一些新的安全问题。为了适应现代工业发展的进程和国民经济发展的需要,减少灾害给人类带来的伤害和风险世界各国均对原有学科体系进行调整,促使原来分散并寓于各学科的安全科学技术,在分化、独立的基础上,以人的安全为出发点,或者说以人的身心安全与健康为研究对象,重新进行高度综合与系统化,这就是安全科学这一新兴学科产生的时代背景。

（二）安全科学的定义及诞生

**1. 安全科学的定义**

前面已经叙述了安全的定义,即安全是人们免遭不可接受风险的状态。而科学是人类认识和揭示客观事物的本质及其运动、变化规律的活动过程及其系统的成果,最终目的是解决"客观事物是什么和为什么"的道理。安全科学是认识和揭示人们免遭不可接受风险的状态与其转化规律的学问,即安全科学是专门研究安全的本质及其转化规律的科学。

**2. 安全科学的诞生**

安全科学兴起于20世纪70年代至90年代初期。安全科学的诞生首先是以它的学科理论刊物出版和世界性学术会议召开为标志。1974年,美国最早出版了《安全科学文摘》杂志;1979年,英国W.J.哈克顿和G.P.罗宾斯出版了《安全科学导论》;1981年,德国安全专家库尔曼出版了《安全科学导论》专著(德文版);1983年,日本井上威恭发表了《最新安全工学》;1990年,在德国科隆市召开了第一次世界安全科学大会;1991年,中国劳动保护科学技术学会创办了这个学科的理论刊物《中国安全科学学报》,并向国内外公开发行;同年5月,由11个国家17名编委共同编辑并已出版14年之久的国际性刊物《职业事故杂志》在荷兰宣布更名为《安全科学》。

## 二、安全科学的发展历程

（一）国外安全科学的发展历程

国外安全科学的发展历程大致可分为3个阶段。

**1. 20世纪初至20世纪50年代**

20世纪初至20世纪50年代,英国、美国、日本等工业发达国家成立了安全专业机构,形成了安全科学研究群体,主要研究工业生产中的事故预防技术和方法。格林伍德等学者研究了"事故倾向"问题。海因里希出版了《工业事故预防》一书,提出了海因里希事故法则和事故原因学说。海因里希事故法则和事故原因学说,确定了伤害的概率和事故规律的概念,认为事故的发生是可以预测和预防的。海因里希首次用科学方法从事故统计中揭示了事故规律,被认为是20世纪安全科学研究的先驱。

**2. 20世纪50年代至20世纪70年代中期**

第二次世界大战以后,随着新型武器装备、航空航天技术和核能技术的发展,工业生产的大型化和现代化,以及重工业事故的不断发生,各领域中的安全技术受到广泛重视,同时,系统论、控制论、信息论的发展和应用促进了安全系统分析和安全技术的发展。这一时期发展了系统安全分析方法和安全评价方法,如事故树分析、事件树分析、故障模式及影响分析、危险可操作性研究、火灾爆炸指数评价方法、概率风险评价方法等,提出了事故的心理动力理论、社会-环境模型、多米诺骨牌模型、人-机系统模型等事故致因理论。安全工程学受到广泛重视,在各生产领域中逐渐得到应用和发展。

**3. 20世纪70年代中期以后**

20世纪70年代中期以后,随着系统安全分析方法和安全工程学的广泛应用和发展,人们逐渐认识到局部安全缺陷,并从多学科分散研究各领域的安全技术问题发展到系统地综合研

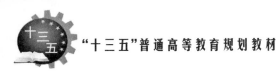

究安全基本原理和方法,从一般安全工程技术应用研究提高到安全科学理论研究,逐步建立了安全科学的学科体系,发展了本质安全、过程控制、人的行为控制等事故控制理论和方法。

### (二)国内安全科学的发展历程

按照安全科学的发展特征,我国安全科学的发展历程,大体上也可分为3个阶段。

**1. 从建国初期到20世纪70年代末期**

从建国初期到20世纪70年代末期,我国把劳动保护作为一项基本政策实施,劳动保护的行政管理和业务监督、检查都得到了较好地发展。从中央到地方以及各类企业,都设立了专门机构并配备了相当数量的专职人员。但是,在安全科学的学科建设和专业科学教育方面,显得十分薄弱。

**2. 20世纪70年代末至90年代初期**

20世纪70年代末至90年代初期,随着改革开放和现代化建设的发展,安全科学技术也得到了迅猛发展,在此期间中国建成了安全科学技术研究院、所、中心40余个。尤其是1983年9月,中国劳动保护科学技术学会正式成立后,加强了安全科学技术学科体系和专业教育体系的建设工作,全国共有20余所高校设立安全工程专业,综合性的安全科学技术研究已有初步基础,且在系统安全工程、安全人机工程、安全软科学研究方面进行了开拓性的研究工作。

此外,国家对劳动保护、安全生产的宏观管理也开始走上科学化的轨道。1988年劳动部组织全国10几个研究所和大专院校近200名专家、学者,完成了"中国2000年劳动保护科技发展预测和对策"的研究。这项工作使人们对当时中国安全科技的状况有了比较清晰的认识,并使人们看到了中国安全科技水平与先进国家的差距,为进一步制定安全科学技术发展规划提供了依据。

**3. 20世纪90年代至今**

20世纪90年代至今,我国安全科学技术进入了新的发展时期。主要表现在以下几个方面:

(1)国家标准《学科分类与代码》(GB/T 13745—2009)中将安全科学技术列为一级学科。

(2)国家"八五"、"九五"科技攻关计划中列入了安全科学技术攻关项目;国家基础性研究重大项目(攀登计划)中列入了"重大土木与水利工程安全性及耐久性的基础研究"项目。

(3)安全工程系列专业技术人员职称评审单列。1997年,人事部、劳动部发布了《安全工程专业中、高级技术资格评审条件(试行)》。

(4)劳动部颁布了《劳动科学与安全科学技术发展"九五"计划和2010年远景目标纲要》。

(5)职业安全卫生管理体系(OHSAs)等国际先进的现代安全管理方法正在研究和应用。

(6)安全科学技术国际交流合作更为广泛。

# 第三节  安全科学的学科体系

## 一、安全科学的研究内容及对象

### (一)安全科学的研究内容

安全科学主要是研究事物安全与危险矛盾运动规律的学说,它是以研究安全与危险的发生发展过程,揭示事物安全与危险的原因及后果,以及它们之间特有的相互关系,运用基础、工程等相关学科对事物或系统综合功能的丧失机理进行分析和研究为手段,以灾害事故的预测、防治和评价为研究目标的。具体地说,安全科学研究的内容主要有以下几个方面。

（1）安全科学的哲学基础

马克思主义哲学是人类认识和解决问题的世界观和方法论,确立安全科学的哲学观是研究安全的基础,只有确立了正确的安全观和方法论,才能正确地分析安全问题、解决安全问题,建立起安全科学的本质规律,为人类社会所面临的安全问题提供科学的指导方法。

（2）安全科学的基础理论

人类面临的安全问题是各种各样的,各自都有自己的特殊规律,但在安全的本质问题上有其共性的规律。安全科学的基本理论就是在马克思主义哲学的指导下,应用现阶段各基础学科的成就,建立事物共有的安全本质规律。

（3）安全科学的应用理论与技术

研究安全科学的应用理论与技术问题,包括研究安全系统工程、安全控制工程、安全管理工程、安全信息工程、安全人机工程和各专业领域的安全理论与技术问题。

（4）安全科学的经济规律

研究安全经济的基本理论、职业伤害事故经济损失规律、安全效益评价理论、安全技术经济管理与决策理论等。

（二）安全科学的研究对象

从根源上看,事故灾害是人、技术、环境综合或部分欠缺的产物。从另一角度来看,人类安全活动所追求的是保护系统中的人、技术、设备及环境。从实现安全的手段上看,除了技术措施,还需要人的合作、环境的协同,因此,安全科学研究的安全系统是由人、机、环境构成的复合系统。人,即安全人体,是安全的主题和核心,是研究一切安全问题的出发点和归宿。人既是保护对象,又可能是保障条件或者危害因素,没有人的存在就不存在安全问题。物,即安全物质,可能是安全的保障条件,也可能是危害的根源。能够保障或危害人的物质存在的领域很广,形式也很复杂。人与物的关系,包括人与人以及人与物,安全人与物的关系。广义上讲是人安全与否的纽带,既包括人与物的存在空间和时间,又包括能量与信息的相互联系。因此,把"安全人与物"的时间、空间与能量的联系称为"安全社会";"安全人与物"的信息与能量的联系称为"安全系统"。"安全三要素"即安全人体、安全物质、安全人与物,还可将安全人与物分为安全社会和安全系统（后称"四因素"）。

## 二、安全科学的学科体系及与相关学科的关系

（一）安全科学学科体系的层次

安全科学学科体系结构的基本内容由以下4部分组成,如图1-1所示。

**1. 哲学层次——安全观**

它是安全科学的最高理论概括,也是安全的思想方法论,它指导人们科学地认识和解决安全问题。它揭示安全的本质,即回答"安全是什么"。

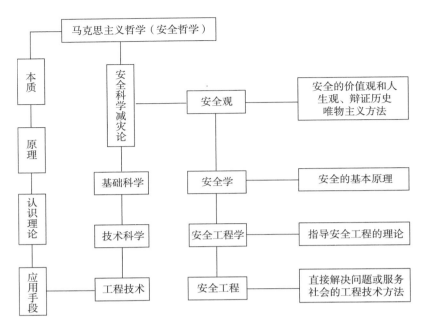

图 1-1 安全科学技术学科体系结构

**2. 基础科学层次——安全学**

此层次是研究安全的基本理论,揭示安全的基本规律的学问。它由安全技术学(含安全灾变物理学和灾变化学)、安全社会学、安全系统学(包括安全灾变理论)和安全人体学(含安全毒理学)4 类基础科学的分支学科构成。其中,安全系统学虽然不是由安全的独立要素组成的,但它是研究和实现安全所不可缺少的联结因素和科学方法论,同时在理论上与其他学科组成的分支学科同样具有完整的横向理论层次。

**3. 技术科学层次——安全工程学**

该层次的每个工程学分支都为本学科分支的工程层次提供理论依据,并将其工程技术成果升华为认知理论,丰富安全学的基础理论。它与基础科学的分支学科相对应,是由安全技术工程学、安全社会工程学、安全系统工程学和安全人体工程学 4 类技术科学分支学科构成的。除安全系统工程学要在本层次额外为各分支学科提供科学方法外,其他技术科学分支学科都为本分支学科的工程技术层次提供理论依据,或将其工程技术成果升华为科学理论(即上升到技术科学),回答"实现安全必须怎么做"或者说"怎么做就能达到安全"的问题。根据安全因素的性质及其作用方式的不同,各分支学科又细分为若干组成部分。

(1)根据设备因素对人的身心危害作用方式的不同,安全技术工程学又分为针对解决直接损害人躯体的安全技术工程学和针对解决间接破坏人的机体或危害人的心理的安全卫生工程学。

(2)根据调节人与人、人与物和物与物联系的不同原理和采取的不同方法(手段或措施)、达到的不同安全目的,安全社会工程学又分为安全管理工程学、安全教育学、安全法学和安全经济学等。

(3)根据系统内各因素的作用或功能的不同,安全系统工程学又分为安全信息论、安全运筹学和安全控制论。安全系统工程学不仅是安全系统工程层次的理论基础,同时也为整个安全工程学层次提供安全方法论。

（4）根据外界危害因素对人的身心内在作用机制影响的不同，以及人机联结方式的不同，安全人体工程学又分为安全生理学（其中包括劳动生理学和生物力学的部分内容）、安全心理学（其中包括劳动心理学的部分内容）和安全人机工程学（其中包括人机工程学、人体工程学、人类工效学、劳动卫生学和环境学等的部分内容）。

**4. 工程技术层次——安全工程**

该层次是直接为实现安全而服务的，是进行安全预测、设计、施工、运转、总结和反馈、提高等一系列具体安全技术活动与方法的总称。

安全工程中的安全技术工程，按其服务对象的不同划分为：

（1）学科性的安全设备机械工程和安全设备卫生工程。

（2）与各类专业领域的工程技术匹配的专业安全工程技术，如电气安全工程、锅炉与压力容器安全工程、起重搬运安全技术、焊接安全技术、防火防爆技术、运输安全技术、防尘安全技术、通风安全技术、噪声与振动控制技术等。

（3）行业部门系统的综合应用性的安全工程技术，如保险、矿业、石油化工、冶金、建筑、交通运输、物业、航海、航空航天等。

可以说，凡是有人活动的地方，都需要有保障安全的工程技术，并且都可以针对该领域的特点确立专门的或综合应用性的安全工程技术。不过各类专业安全工程技术和综合应用性的安全工程技术都不是单一分支学科性的，而是以安全技术工程为基础构成的专业科学技术体系和应用科学技术体系。

安全工程中的安全社会工程，包括安全管理工程（其中含安全监察技术）、安全教育、安全法规、安全经济等。

安全工程中的安全系统工程，包括安全信息系统工程、安全数据库技术、安全控制工程、安全可靠性工程、安全系统评价技术（如事故树分析技术、事件树分析技术、安全检查表设计等）、安全失效分析技术、安全稳定性技术、风险分析技术等。

安全工程中的安全人体工程，主要包括人体生物力学、安全人机参数、安全卫生标准、人机设计、人机评价、伤亡事故分析、安全人机工程实践与运用等。

通过以上对安全科学技术体系的全面解析可以看出，安全科学技术不仅具有自身完整的体系结构、作用功能、与人类的一切活动有着不可分割的联系，而且具有极强的生产力性质。

（二）安全科学的学科分类

**1. 学位授予与人才培养学科目录**

我国于 1980 年 2 月颁布并于 1981 年 1 月 1 日起实施《中华人民共和国学位条例》，1981 年 5 月批准实施《中华人民共和国学位条例暂行实施办法》，开始实行学位制度。1981 年国务院学位委员会拟定了《高等学校和科研机构授予博士和硕士学位的学科、专业目录（草案）（征求意见稿）》，1982 年国务院学位委员会以（82）学位办字 011 号文件公布该目录，后于1983 年、1990 年、1997 年、2011 年 4 次修改、完善。国务院学位委员会第 28 次会议通过 2011 年版的《学位授予和人才培养学科目录》，它是在 1997 年颁布的《授予博士、硕士学位和培养研究生的学科、专业目录》和 1998 年颁布的《普通高等学校本科专业目录》的基础上，经过专家反复论证后编制而成的。2011 年版的《学位授予和人才培养学科目录》分为学科门类和一级学科，是国家进行学位授权审核与学科管理、学位授予单位开展学位授予与人才培养工作的基本依据,适用于硕士、博士的学位授予、招生和培养,并用于学科建设和教育统计分类等工作。2011 年版《学位授予和人才培养学科目录》把我国所有的学科分为 13 个门类,授予 13 种学位,各门类下又设有一级学科,其中工学门类的代码是 08,安全学科单列为一级学科(原仅是矿业工程下的二级学科),成为工学门类下的第 37 个一级学科,名称为"安全科学与工程",代码为0837,如图 1-2 所示。目前,安全科学与工程下没有规定二级学科。

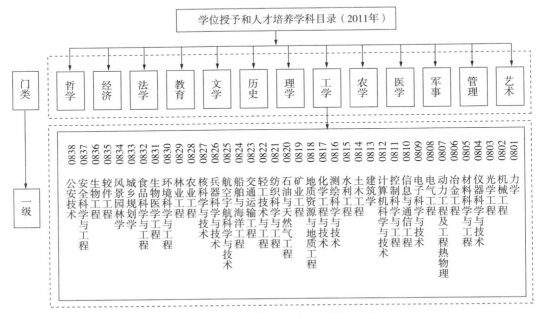

图 1-2　学位授予和人才培养学科目录

**2. 本科专业目录**

《普通高等学校本科专业目录》是中国教育部制定与修订的有关普通高等学校本科专业的目录。学科的发展、社会分工的变革以及教育对象的变化,都直接影响着高校的专业设置和调整。上一版本科专业目录及专业管理办法是 1998 年制定实施的,距今已经有 10 几年时间,明显存在着几方面问题:一是不能适应经济社会发展、社会需求的变化;二是不能适应高校多类型、人才培养多规格的需要;三是新兴学科和交叉学科专业设置困难,不利于复合型、创新型人才的培养;四是与研究生培养《学科目录》的专业划分衔接不够。2010 年,教育部成立了由 166 名专家组成的 13 个学科专家组,具体承担新一轮本科专业目录修订工作,这是改革开放以来,我国进行的第 4 次大规模的学科目录和专业设置调整工作。新修订的《普通高等学校本科专业目录》于 2012 年颁布,即《普通高等学校本科专业目录(2012 年)》。《普通高等学校本科专业目录(2012 年)》是高等教育工作的基本指导性文件之一,它规定专业划分、名称及所属门类,是设置和调整专业、实施人才培养、安排招生、授予学位、指导就业,进行教育统计和人才需求预测等工作的重要依据。该目录将安全科学与工程从原来的环境与安全类中分离出来,独立成为安全科学与工程类,在安全科学与工程类下,设置了安全工程专业,如图 1-3 所示。

**3.《学科分类与代码》GB/T 13745—2009 的分类**

《学科分类与代码》(GB/T 13745—2009)于 2009 年 5 月 6 日发布,2009 年 11 月 1 日正式实施,它是我国目前唯一的一个用于科技统计的学科分类标准。该标准将所有学科分为 5 大

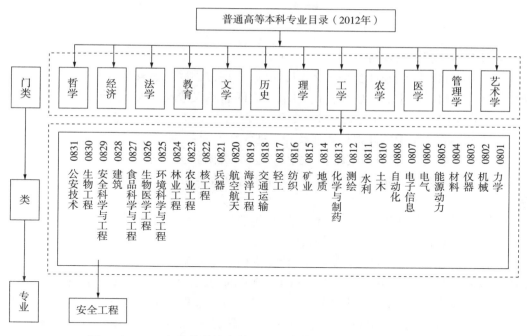

图 1 - 3　2012 年高等学校本科生培养用专业目录对安全学科的分类

门类,其中设有"工程与技术科学(代码 410～630)"门类,安全学科被列为其下的一级学科,名称为安全科学技术,代码为 620。安全科学技术由安全科学技术基础、安全社会科学、安全物质学、安全人体学、安全系统学、安全工程技术科学、安全卫生工程技术、安全社会工程、部门安全工程学科、公共安全和安全科学技术其他学科等 11 个二级学科组成,二级学科下又设置了52 个三级实质性学科,如图 1 - 4 所示。

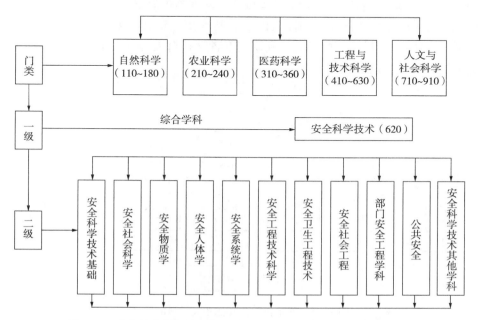

图 1 - 4　《学科分类与代码》GB/T 13745—2009 对安全学科的分类

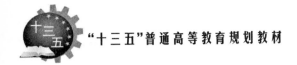
（三）安全科学与其他学科的关系

**1. 与安全科学相关的学科**

安全科学是自然科学和社会科学交叉协同的一门新兴科学，具有跨行业、跨学科、交叉性、横断性等特点。科学技术的发展和实践表明，安全问题不仅涉及到人，还涉及到人可利用的物（设备）、技术、环境等，是一种物质－社会的复合现象，不是单纯依靠自然科学或工程技术科学能完全解决的。安全科学的知识体系涉及和包括5个方面：

（1）与环境、物有关的物理学、数学、化学、生物学、机械学、电子学、经济学、法学、管理学等。

（2）与安全基本目标和基本背景有关的经济学、政治学、法学、管理学以及有关国家方针政策等。

（3）与人有关的生理学、心理学、社会学、文化学、管理学、教育学等。

（4）与安全观念有关的哲学及系统科学。

（5）基本工具，包括应用数学、统计学、计算机科学技术等。

除此以外，安全科学知识还要与相关行业、领域的背景（生产）知识结合起来，才能达到保障安全、促进经济发展的目的。就目前的认识而言，与安全科学关联程度较大的有自然科学、工程技术科学、管理科学、环境科学、经济科学、社会学、医学科学、法学、教育学、生物学等。一般来说，安全科学仍以工业事故、职业灾害和技术负效应等为研究对象，灾害学（有人称减灾科学）则以自然灾害为主要研究对象，两者之间有交叉。

**2. 安全科学与其他相关学科的关系**

基于以上认识，安全科学与其他相关学科的关系如图1-5所示。安全科学研究的底层是系统科学和哲学（马克思主义哲学、科学哲学），它们除了为自然科学外也为社会科学提供了思想方法论和相关认识论的基础。研究的第二层是相互交错的相关的自然科学、管理科学、环境科学、工程技术科学等，它们构成了安全科学可利用和发展的基础。基于第二层之上的是人类社会生存、生活、生产领域普遍涉及和需求的且有共性指导意义的安全科学，其理论和技术均有较强的可操作性，而且根据需要可充分利用其下各学科对人类社会活动的规律性总结，发展自己的理论基础和工程技术。

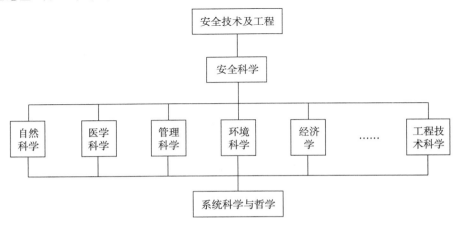

图1-5 安全科学与其他相关学科的关系

### 三、安全科学的学科地位和作用

前面已经提到,《学科分类与代码》(GB/T 13745—2009)中,安全科学技术学科被列为一级学科,安全工程本科专业是 1984 年经原国家教委批准设立的,它是在 1958 年建立的工业安全技术、工业卫生技术和 1983 年建立的矿山通用与安全本科专业基础上发展起来的。1981 年,安全技术及工程学科又被列为博士点,并归属在当时的地质勘探矿业、石油一级学科中,后又与硕士点一起归属在矿业工程一级学科之下。安全技术及工程以二级学科身份的硕士点和博士点虽然已经确立,但在一级学科的归属上仍然错位,所以 2011 年一级学科的安全科学与工程学科列入授予博士、硕士学位和培养研究生的学科专业目录中。

安全科学与工程已经以一级学科列入国务院学位办《授予博士、硕士学位和培养研究生的学科专业目录》中,可能在今后相当长的一段时间内,那些以行业或专业划分的与安全相关的二级学科,如防灾减灾工程、防护工程辐射防护及环境保护,劳动卫生与环境卫生学和人机与环境工程等仍然会依托在它们原来的一级学科,如土木工程、核科学与技术、公共卫生与预防医学、航空宇航科学与技术中。但是所不同的是这些以前不是归属在安全科学中的二级学科对安全一级学科将会有一定的支持作用,因为它们都有"安全"这一共同的支撑点。

交叉科学是学科横向的扩展,也是纵向的延伸,安全科学相关的学科之多、系统之巨、因素关系之复杂很少有其他学科可以比拟,所以安全科学是一门真正的大科学。

安全科学是自然科学与社会科学相交叉的一门新兴科学。安全科学的研究对象是什么?安全科学研究对象的特殊性如何?安全科学要揭示的是怎样的客观规律?这是我们在讨论安全科学之前首先要搞清楚的问题。

## 第四节 安全工程专业的课程设置

由于本科教育是安全工程教育的基础,所以本节以安全工程专业本科层次的人才培养方案为例来介绍课程设置,且以《安全工程专业的本科专业规范》为依据来介绍。该规范并未正式出版,却是教育界经多位专家多年来集体研究的成果,有很好的代表性。该规范编制时已经开始了工程教育认证,课程设置可以符合专业认证要求。要论述课程设置,必须先对安全工程专业的专业教育发展方向、安全工程专业的主干学科、关于安全专业的培养目标等有所认识。

### 一、关于专业规范的背景

自 2003 年教育部高等教育司下发《关于理工科各教学指导委员会研究课题立项的通知》(教高司函[2003]141 号)后,高等学校理工科各教学指导委员会均积极开展学科专业发展战略研究和学科专业规范的研究与编制工作。同时,教育部理工处还在 2003 年发布了《高等学校理工科本科专业规范(参考格式)》(以下简称《参考格式》),此后很多理工学科都开展了学科专业规范的研究与编制,并且基本上遵循了上述《参考格式》。全国安全工程学科的教学指导委员会于 2005 年立项研究与编制《安全工程专业的本科专业规范》(以下简称《规范》),到 2005 年底完成第 1 稿,2006 年底至 2007 年初修改至第 3 稿,然后在中国职业安全健康协会的网站上征求意见,在征求了高等学校、大型国有企业的意见之后进行了修改,2007 年 3 月形成了《安全工程本科专业规范》第 4 稿,2007 年 6 月在进行结题准备中形成第 5 稿。2008 年 7 月

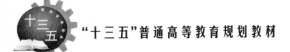

在 2008—2010 年安全工程教学指导委员会全体会议上征求意见后，根据教育部 2008 年 2 月发布的《高等学校理工科本科指导性专业规范研制要求》进行了较大规模的修改，目前形成的第 8 稿正在征求意见当中。以下提到的《规范》均指其征求意见稿。

按照教育部高等教育司理工处的《参考格式》的要求，理工科专业规范内容共分 5 大部分，分别是：①该专业教育的历史、现状及发展方向；②该专业培养目标和规格；③该专业教育内容和知识体系；④该专业的教学条件；⑤制定该专业规范的主要参考指标。在此，重点介绍第 1 部分中的专业教育发展方向和主干学科、第 2 部分中的本专业培养目标、第 3 部分中的本专业教育知识体系、课程体系的设计。

## 二、关于安全工程专业的专业教育发展方向

要分析专业发展方向，必须从专业的研究对象、研究目的开始。安全工程学科的研究对象是事故，研究目的是预防事故。根据海因里希等古典研究和现代事故预防实践，安全事故发生的直接原因有两个，一是物的不安全状态，二是人的不安全动作，其中后者导致了 85% 以上的事故。所以要有效预防事故，理论和实践均已证明，必须采取能解决这两个直接原因的综合策略。要解决前者，自然科学、工程技术是必需的，而要解决后者，社会科学、管理科学是不可或缺的。基于上述分析，在《规范》中，将安全工程学科的发展方向与趋势阐述为"专业教育必然逐步趋向于综合化，即安全学科的文理综合性、学科交叉性、行业横断性这一个客观事实将更加充分地得以体现"。我国目前的安全管理、事故预防手段中，主要手段还是工程策略，但是行为科学、管理手段等解决人的不安全动作的手段正在增加。

## 三、关于安全工程专业的主干学科

学科是知识的分类，专业是社会职业分工的结果。所以安全工程专业学生要学习的主要知识就应该是安全工程专业的主干学科，主要知识可以根据学科研究对象、研究目的导出的研究内容来确定。关于主干学科，教育部的《参考格式》没有指明描述至哪一级学科，也没有规定主干学科的名字是否必须在学科分类或目录表上出现。所以，根据《规范》的作者对学科、专业的理解以及对主干学科基本含义的理解，在《规范》中将安全科学原理、安全管理学、安全工程学列为安全工程专业的主干学科。安全科学原理的研究内容是明确的，主要研究安全事故发生的自然科学、社会科学机制以及统计规律，是对事故这种客观现象的认识，为运用工程技术手段和管理科学手段预防事故打基础。安全工程学包含预防各行业内各类事故的工程技术手段，如安全人机工程、安全系统工程、各行业的安全工程等。根据管理的定义（狭义），安全管理学就是在组织和个人两个层面上协调人的行为的科学（如组织层面的安全文化、安全管理体系，个人层面上的习惯性行为和一次性行为）。所以，主干学科中的后两者各自又包含不少内容，较为综合。学生掌握了安全科学原理中的事故发生的机理和规律后，学习安全管理，解决不安全动作；学习安全工程，解决物不安全状态。读者掌握了这样的主要知识（主干学科）以后，就可以从事安全工程专业的主要业务。因此，把这几门学科叫做安全工程的主干学科。过去曾经把力学等作为安全工程的主干学科，显然是不合适的，一方面力学和电学、热学等都处于平等地位，只把力学作为主干学科不合适；另一方面，一些行业的安全不需要很多力学知识（如旅游安全，物理学中的力学知识已足够）。可见专门的力学课程或者学科并不是安全工程专业绝对必要的知识，所以也不能作为安全工程主干学科。

#### 四、关于安全工程专业的培养目标

《规范》中这样描述了该专业的培养目标，"本专业的目标就是培养德智体全面发展的，具备安全科学基础知识、解决安全问题的基本技能，具备行业安全工程技术基础知识、安全管理科学知识的，掌握多种事故预防手段，具备应用能力，能够有效进行事故预防工作、有效进行事故后损失控制工作的综合型专业人才"。总之，所培养的人才应当既能解决安全技术问题，也能解决安全管理问题，是能够在企业、政府、研究、设计等部门从事安全工作，具备注册安全工程师基础知识的专门人才。其中突出了"综合型专业人才"，这与该专业教育的发展趋势是呼应的，各个学校在形成自己的专业特色之后，可以在自己的培养目标中加入适合某一个或者几个特殊行业需要等的具体目标，以具体化目前一些学校培养"万能型人才（常被指为'空洞'）"的培养目标，使培养目标真正成为教学工作的指南。

#### 五、专业教育知识体系设计

教育部的《参考格式》指出，人才培养的教育内容及知识结构的总体框架由普通教育（通识教育）内容、专业教育内容和综合教育内容 3 大部分及 15 个知识体系构成。普通教育内容包括人文社会科学、自然科学、经济管理、外语、计算机信息技术、体育、实践训练等知识体系；专业教育内容包括相关学科基础、该学科专业、专业实践训练等知识体系；综合教育内容包括思想教育、学术与科技活动、文艺活动、体育活动、自选活动等知识体系。详见图 1-6。其中通识教育内容多数都是国家规定的，可选性很小，综合教育各个学校可以做自己的规定，专业规范中不必规定，所以需重点设计的只有专业教育方面。

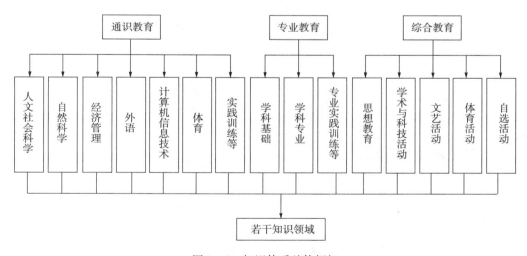

图 1-6 知识体系总体框架

设计本专业的专业教育内容的各个知识体系的知识领域、知识单元以及知识点时，必须有理论根据。《规范》中的 3 个理论根据如下：

（1）安全学科以事故为研究对象。

（2）安全学科的研究目的是预防事故。由控制事故发生后的损失，即应急救援，也具有预防的含义，所以预防事故也可以包含应急救援。

（3）研究内容是事故的发生原因和预防手段；事故发生的直接原因是人的不安全动作和物的不安全状态。

根据以上3点，该专业的专业教育知识体系中的知识领域和知识点，主要围绕预防事故这个中心目的及解决事故方面的直接原因，阐述相应的技术、方法、策略，或者是它们的相关知识或基础知识。具体设计见图1-7。

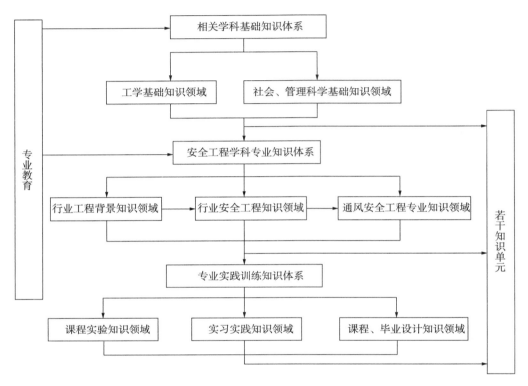

图1-7　安全工程专业知识体系

 思 考 题

1. 安全的概念是什么？

2. 安全具有哪些基本特征？

3. 我国安全科学的发展历程是怎样的？

4. 安全科学的研究内容是什么？

5. 安全科学与其他学科的关系如何？

6. 安全科学的学科地位和作用是怎样的？

# 第二章 安全观

## 第一节 安全科学的哲学基础

### 一、安全与危险的对立统一

安全状态就是没有事故及事故发生可能性的状态。相反,有事故及事故发生可能性的状态即事后指标不为零的状态就是危险状态。危险状态和安全状态很显然是相对应的一对概念。安全与危险是一对矛盾,它具有矛盾的所有特性。一方面双方互相反对,互相排斥、互相否定,安全度越高危险势就越小,安全度越小危险势就越大;另一方面安全与危险两者互相依存,共同处于一个统一体中,存在着向对方转化的趋势。安全与危险这对矛盾的运动、变化和发展推动着安全科学的发展和人类安全意识的提高。

### 二、安全科学的联系观与系统观

客观世界普遍联系的观点是唯物辩证法的特征之一。安全科学在分析与认识问题上一定要在普遍联系中把握事物的本质。任何一个事件的发生都不是孤立的,它同周围事件有着密切联系。这其中包括横纵向联系、直接间接联系、内外部联系、本质与非本质联系、必然联系和偶然联系。要正确认识安全问题,就必须全面了解和具体分析事物客观存在的复杂联系,在众多的联系中找出事物直接的、内部的、本质的、必然的联系,从而把握安全活动规律。

根据安全科学自身的特点,我们必须用系统的观点进行分析。在安全领域中,各种安全和危险要素有很多,叠加在一起后整体影响力会大大增加,所以为了实现系统总体功能向有利的方向发展,必须对各要素统筹兼顾,增加安全因子的整体功能,削弱危险因子的整体功能,决不能彼此隔离,否则会大大降低系统的安全功能。另外,安全系统观对安全认识的要点首先是认为事故的发生和发展是有规律、有先兆的,用科学的方法是可以预测的,人们一定要摆脱宿命观和知名观以天命为主导的对天灾人祸因果关系的原始认识。一方面,任何事故不可能百分之百地重演;另一方面,某些从未发生过的事故也有可能发生,所以必须树立事故是可以预知的这一科学的事故预测观。

### 三、安全中的质量互变规律

#### (一)背景知识

哲学中的量变与质变,在安全科学中表现为流变与突变。安全科学的流变与突变现象普遍存在。"突变"一词的本意有彻底转变之意,最初提出是在 1968 年 Thom 的《结构稳定性和形态发生学》著作中。突变主要指事物从临界破坏点向前发生的趋势,具有质的彻底改变的意义,也就是说事物已不具有原来的性质或特征了。突变的发生有多种途径,可以是跳跃式的,也可以是缓慢式的,但重要的一点是事物的性质发生了变化和事物的敏感程度增加了,某个因素的连续变化会导致系统形态的突然变化,即系统从一种形式突然跳跃到完全不同的另一种形式。流变和突变综合起来形成流变-突变理论,它描述了事物诞生-发展-消亡的全部过程。事物的运动变化,总是先从事物的诞生期进行流变,即一种光滑的、连续不断的变化。在整个变化过程中,可以感觉到事物状态、性质的统一,相持和平衡,事物的本质属性没有发生变化。当事物流变到某一阈限值时,事物状态、性质突然发生变化,导致新质的产生或功能和特征的完全丧失。在历史上人们往往只习惯于流变,而不习惯于突变。因为流变对人的感觉不明显,而突变会对人造成严重的冲击和伤害。恩格斯在《自然辩证法》中研究了流变和突变的范畴,认为流变是一种缓慢的变化过程,突变则是流变过程的中断,是质的飞跃。流变和突变是量变和质变在自然界中的具体表现,因此,流变和突变的范畴与量变和质变的范畴属于不同的层次。一般说来,流变相当于量变,突变相当于质变。由此可见,无论是量变还是质变,都可能出现流变和突变2种形式,都是流变和突变的统一。其统一性主要表现在3个方面:

**1. 流变与突变的相对性**

作为一对对立的概念,流变与突变是相互依存的。在安全科学的研究中,没有绝对的流变和突变。离开了流变,就无所谓突变;离开了突变,流变也无从谈起。事实上要把影响安全的质划分出流变和突变的界限是很困难的,因为事物的发展总保持自身的连续性,总在一切对立概念所反映的客观内容之间存在中间过渡环节。所以,从这个意义上讲,一切对立都是相对的。如河流的水位总在一定的范围内变化,没有超过河床,就什么事也不会发生;河水溢出了河床,就成了洪水。总之,在空间规模、时间速度、结构、形态及能量变化程度上或采取的形式上,流变与突变都只有相对意义。

**2. 流变和突变的层次性**

在讨论事物安全度的流变和突变时,总是联系某一具体的物质层次。在同一物质层次上,流变和突变有其具体的表现形式,可以进行严格地界定。从这个意义上讲,不同物质层次的流变和突变有其不同的表现形式和质的规定。某种具体的安全变化过程,在低层次可以称为突变,而在高层次则属于流变。例如人体某一器官损伤,针对小区域来说,是一次突变事件;对整个人体而言,是综合功能的流变。

**3. 流变和突变的相互转化**

在一定条件下,流变可以转变为突变,突变也可以转变为流变。例如,生物演化过程是一个缓慢的流变过程,但几百年来,因人类砍伐森林、捕杀动物、使用农药和排放废物,造成了几次大量生物物种灭绝的突变事件。又如,人类依靠科学技术,采取了种种措施,有效地避免了许多危及人类生存和发展的自然界突变事件或减弱了突变事件的强度(洪水、泥石流、风暴、动植物病虫害等)。

流变表现为事物微小而缓慢的量的变化,突变表现为显著而迅速的质的飞跃,在流变中往往也有部分质变,在质变中也伴随着量的变化。在质变发生之后,又会出现流变和突变的新周期,事物就是如此循环往复以至无穷地变化和转化。

流变向突变的转化,往往是在事物达到极端状态后出现的质变过程。看似完善的事物,由于某种随机因素的影响,猛然间会发生雪崩式的变化。突变向流变的转化与流变向突变的转化不同,突变向流变的转化往往是在事物发生突变后,在新质的规定下,出现平稳的变化状态,开始新的变化周期,这时微小的扰动和涨落,对事物没有明显的影响。事物的流变和突变具有复杂性和多样性,在研究和处理时切忌千篇一律,要用不同的方法进行具体研究。

### (二)流变－突变的哲学观

**1. 流变－突变理论的物质观**

流变－突变理论承认世界的物质性和物质对意识的根源性,认为世界的统一性在于它自身的物质性。物质世界是互相联系并发展变化的客观存在,流变－突变理论就是对客观物质世界的反映。从"一切皆流,一切皆变"出发,认识物质的具体形态、具体表现、具体关系。科学的发展使人们对事物的量和质有了更深的认识,看到量与质更为紧密的关系,使人的认识没有停留在量的规定性与质的规定性的传统理解上,认识到在质中不仅包含定性的质,而且包含定量的质。近代化学早已把硬度、熔点、比重看成定量的质;近代物理学中把硬度、能量、功、电阻等看成定量的质。正因为质不仅包含定性的质,而且包含定量的质,才会有量的增加和减少所引起的质变。在流变－突变理论中,把质、量、质变、量变的概念通过实践活动已抽象出来,并在实践中得到了进一步深化。物质世界具有质的多样性,而多样性只能统一于物质。流变－突变理论是从一个侧面描述了物质世界的多样性、运动性,认为物质世界在不断流变中突变。

**2. 流变－突变理论的时空观**

空间和时间是一切存在的基本形式,时空是一定物质关系的表现,是从物质的运动来认识时空的属性。时空不但在量上是无限的,在质上也是无限的。一个事物或一个物体的空间广延和时间持续的特征,是该事物或物体的内在属性;而这种特征只能通过同本身也具有一定量的时空特征的其他事物或物体进行比较,才能被人们所认识。流变－突变理论中包含上述时空观,认为一切流变－突变现象离不开空间内物质的相互作用,不论这种相互作用是微观的、细微的还是宏观的,其共性总是要在时空中表现出来。

**3. 流变－突变理论的运动观**

流变－突变是物质的一种运动形式。事物的属性是在流变－突变中显示出来的。凡是有物质的地方就有矛盾,就有运动,这是运动的绝对性。流变－突变是一事物向另一事物转变的流程。流变－突变理论就是要从事物的稳定和变化中找出事物综合特征变化的规律性。流变－突变现象中变化的原因是一种广义的力,如温度差、环境变化等。

### (三)安全流变－突变的基本特征

根据流变－突变的基本理论,一个事物从诞生到消亡是一个"安全流变与突变"的过程。所谓的"安全流变与突变"就是事物在发展过程中安全与危险的矛盾的运动过程。这一矛盾随时间的运动过程就决定了事物发展各个阶段的安全状态。下面就矿山灾害现象的典型过程简要叙述其"安全流变与突变"的基本特征。

在地下采矿过程中,常常伴有各种灾害现象发生,例如自燃火灾、煤与瓦斯突出、冲击矿压、冒顶和底鼓等,这些灾害的发生发展过程,很明显地体现了安全的流变－突变规律如图 2－1所示。

(1)自燃火灾

矿井火灾是煤矿的主要灾害之一,在矿井火灾事故中,自燃火灾约占70%,故研究煤炭自然发火规律,及时采取预防措施,对保证煤矿安全生产,保护煤炭资源有重要意义。煤炭自燃是煤与氧气两相组分在空间发生激烈化学反应的过程,常伴有放热、发光以及新物质的生成。

按安全流变论,$OA$ 段是煤与氧气接触开始氧化阶段,煤刚一暴露在空气中,氧化速度特别快,但随着热量的放出和煤氧化复合物的产生,消耗掉周围空间的大量氧气,再由于复合物对深层煤样的包裹,对煤的氧化过程有一个阻滞作用,所以氧化速度减慢,但氧化程度在不断增加。煤的氧化产热量和散发热量大抵相同,氧化速度在 $A$ 点后几乎为一恒值,热量略有聚积,温度有所上升。该状态可能持续一段时间,当温升达到某一值时($B$ 点)煤的氧化速度突然又要加快,产热多,温升更高,导致煤的氧化速度越来越快,一旦到达 $D$ 点就自然发火,形成自燃火灾,完成了煤的自燃突变。点 $B$ 这个状态点是个关键点,可对应一系列反映发火危险程度的参数。如 $t \geq 70℃$,一氧化碳的浓度,煤的干馏产物量。$C$ 点是人为设置的报警点,$BC$ 段是处理火灾措施段,时间可能很短,但这是处理火灾的关键时期,如果处理适当,氧化速度可能下降,氧化程度不变,不能进一步形成自燃火灾。

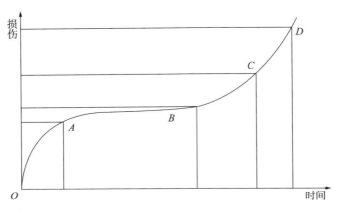

图 2 - 1  安全流变 - 突变图

(2)冒顶

冒顶也是煤矿常见事故之一,在开巷过程中,破坏了掘巷前围岩应力的平衡状态,巷道围岩压力重新分布,出现应力集中和巷道周围的极限平衡区。新掘出的巷道顶板下沉速度最大,顶底板间相对接近速度为每小时几毫米至几十毫米不等,但很快掘巷引起的围岩应力趋于稳定后,巷道表面围岩顶板的变形速率也趋于稳定。由于煤岩一般都具有流变性质,在应力不变的情况下,围岩变形随着时间的延长而不断增加,顶底板间相对接近速度在 0.5mm/s 以下,但当进入集中应力带或顶板周期来压后,压力高于顶板(支柱)所能承担的极限压力时,顶板(支柱)断裂下沉,发生冒顶事故。在安全流变理论中,纵坐标为反映冒顶危险程度的量。$OA$ 段为刚掘出新巷道变形速度递减段,减到某一变形速度后,围岩以一较小的速度变形,当稳定一段时间后,围岩压力或其他条件发生变化,危险程度超过 $B$ 这个屈服点,变形速度加快,发生冒顶。$B$ 点这个状态点由下列参数决定:顶板最大下沉量、顶板的脆性程度、支柱的支撑力和伸缩量、周期来压应力等。通过实验或实测,一旦掌握 $B$ 点参数的规律,就可以对冒顶事故进行预测和控制。

(3)煤与瓦斯突出

煤与瓦斯突出是煤岩介质在外载荷的作用下随时间的形变和破坏过程。从采掘空间在地层中形成时开始,较强烈的煤岩流变损伤现象就开始发展,并在一定的范围内形成灾害发生的准备区域。随着时间的延续,准备区域内的煤岩将可能向 2 种安全状态发展:一种是流变损伤加速使煤岩进入到安全突变的灾害状态;另一种是流变损伤的速度衰减并最终恒定而使煤岩进入安全状态。决定煤岩是否进入危险状态或安全状态的因素有 2 个方面,一方面是煤岩自身的性质,即内部因素;另一方面是作用于煤岩的外部因素,如载荷大小、采掘空间的几何条件、扰动等。此外,在考察 2 个因素的影响时,时间是确定安全状态的重要因素。一旦煤岩进入危险状态,则安全流变 - 突变就开始发生。灾害事故发生后随之便是灾害事故的发展阶段,在此阶段内,造成灾害的物质释放出大量的能量。当能量得到比较充分的释放后,煤岩便进入由危险状态向新的安全状态转化的灾害事故结束阶段,该阶段也是下一个灾害准备阶段的开始。因此,由煤岩破坏所造成的灾害事故过程可分为安全流变阶段、安全突变阶段、结束阶段和后效阶段 4 个阶段。在煤岩达到安全突变之前的“安全流变”特征如图 2 - 1 所示。图中横轴为时间轴,纵轴为安全流变变形量轴(或损伤量轴)。理论上的安全突变点应在 $D = 1$ 处,但在实际的事物安全过程研究中,一般人为规定在某 $D < 1$ 的点 $C$ 处为安全流变的临界损伤值。图中所示的流变变形曲线已为煤岩的流变变形试验所证实。从图中可以看出,煤岩在外载荷作用下具有 3 个典型的损伤阶段。$OA$ 段为损伤减速增加阶段;$AB$ 段为损伤稳定发展阶段;$BC$ 段为损伤加速段;$CD$ 段为灾害的发展阶段;$D$ 为灾害的突变点。煤岩的危险度正比于煤岩的损伤量。

同样的,机械事故的发展过程也体现了安全流变 - 突变规律。机械事故是由构成机械设备的部分元件的破坏磨损等机械因素造成的故障现象。每一种或每一台新机器的投入使用就孕育着新的故障或事故的发生,由安全向危险转化的过程也具有如图 2 - 1 所示的基本特征。这里,纵轴表示机器的磨损老化程度(损伤量轴)。$OA$ 段为机器在投入使用初期的零部件跑合磨损段,具有减速增加磨损的特征;$AB$ 段为机器在初期磨损后的恒速磨损老化段,在此阶段中机器的故障率较低,运行平稳;$BC$ 段是与元器件寿命相关的加速磨损老化段,在此阶段中机器的故障率增高,磨损老化量剧增;$C$ 点为机器由安全流变向安全突变转化的临界磨损老化量。这一磨损老化曲线也已被试验所证实。机械事故的全过程也同样具有安全流变阶段、安全突变阶段、结束阶段和后效阶段 4 个阶段。

## 四、安全中的必然性和偶然性

必然性是客观事物的联系和发展中不可避免、一定如此的趋势。偶然性是在事物发展过程中由于非本质的原因而产生的事件,它在事物的发展过程中可能出现,也可能不出现;可以这样出现,也可以那样出现。比如,具有自燃倾向的煤在富氧和蓄热的条件下必然自燃,但条件的具备带有很大的偶然性,且这种偶然性完全服从于火灾系统内部隐藏的必然性。

必然性和偶然性不仅相互联系、相互依赖,而且在一定的条件下可以相互转化。在矿井通风系统中的通风机房的反风门,正常情况下是可以上下提升的安全门,灵巧自如地运转具有必然性,灾害发生时不能调节的情况是偶然的。但由于疏于管理、未按规定维修、滑轮生锈、框架变形等原因,灾害时这一安全措施不能正常发挥作用成为必然,偶然性转化为必然性。这类事故在煤矿中时有发生。所以在处理系统安全问题时,对于有利的偶然因素应创造条件促使其发生,不能抱着“守株待兔”的侥幸心理;对于有害的偶然因素应尽可能地减弱和避免其影响,并做好应付突发事件的一切准备,做到有备无患。

## 五、安全问题的精确性和模糊性

安全科学的认识,总是从模糊走向精确,模糊和精确是辩证统一的。安全与危险之间没有

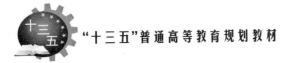

精确的界限,是个模糊概念,但模糊又可用精确的数字来更好地进行解释。精确和模糊是一个问题的两个方面,模糊性可以说明精确性,适当的模糊反而精确。无疑定性描述可指导实施建设性的和组织上的安全措施,并已对安全工程的不断完善做出了很大贡献。但是,就对技术装备的了解来说,模糊定性描述的边界太广,在具体情况下,这种边界将会降低安全程度,从而不能应用明确的相关准则。安全方面的欲求状态因此不能精确地确定,还会导致欲求状态和实际状态之间的界限模糊。这就是人们在观察同一实际情况时,有的认为是安全的,有的认为是不安全的。因此,在具体情况下,有必要处理好精确性和模糊性的关系。

# 第二节  安全观及其发展

## 一、安全观

安全观是指在一定的时代背景下,人们围绕着如何确认和维护安全利益所形成的对安全问题的主观认识,它一般包括对威胁的来源、安全的主体、内涵及维护手段等方面的综合判断。一方面,随着威胁来源和安全主体的变化,安全观的内涵也与之发生相应的变化,因此,在某种意义上来说,安全属于历史观的范畴,在不同的时代背景条件下,有不同的内涵和外延。另一方面,安全观是行为主体(人)对安全问题的主观认识,这就不可避免地受到行为主体的世界观、人生观、价值观的影响。因此,在某种层面上来说,安全属于认识论的范畴,也就是指人的需求性。

从安全科学的发展历史可以看出,安全观是一直伴随着人们的世界观的发展而发展,随着人们的世界观的改变而改变,可以说,安全观是世界观的一个重要组成部分。因此,只有树立正确的世界观才能建立与时代特征相适应的科学的安全观。

## 二、安全观的价值所在

安全观并不是孤立、静止的,而是不断发展、进步的,它是世界观的重要组成部分,是受世界观主导的一种观念。同时,安全观和人生观、价值观又有着内在的联系,可以说安全是人生观的基本目标之一,又是实现人生价值的重要保障,这些都是安全作为一种观念存在或确立的价值所在。

### (一)安全观受世界观所主导

世界观是指人对世界总体的看法,包括人对自身在世界整体中的地位和作用的看法。因此,人生观、价值观、安全观等共同构成了世界观的主要内涵。世界观与人生观、价值观、安全观是辩证统一的,其中起决定作用的是世界观。世界观是人生观、价值观与安全观的基础,它决定着个人、集体与国家的目标的追求、现实生活的价值选择、安全地位和作用的看法。

### (二)安全观是人生观的基本目标

人生观是指人们对人生目的、价值和道路的根本观点和态度。人生观决定一个人的人生走向。人们的思想和行动,不论自觉与不自觉,总是受某种人生观的指导。人生观体现在人生的各个方面,人生的目的,即人为什么活着,是人生观中始终起着核心和主导作用的思想。

人生的目的依个人的不同而不同,但所有人的最低的,也是最基本的目的是生存,理想的或追求的生存状况就是安全、舒适、健康。人不管经历怎样的人生道路或发展路径,其最基本的需求就是生命安全。如果没有了生命,其任何的理想、目标都是空谈。因此,从生命的角度讲,安全观是人生观的最基本的目标之一。

### (三)安全观是实现人生价值观的保障

安全是实现人生价值的保障。人生价值原本的含义就是"人作为人存在的意义",是人对于人的价值而不是物对于人的价值,这里的人生价值也可以称为人的价值。人的价值的实质内涵是指客体的人的存在及其属性、实践活动及其物化成果对主体人的需要的满足,也可以说人的价值在于他能否以及多大程度上满足包括自身在内的整个社会物质、精神和文化生活的需要。

人对他人和社会的价值包含于自身的存在和发展之中。社会必须关心人、尊重人,保障人的基本的生存权益、安全等。离开满足个人的需要去强调个人的贡献,或是离开个人发展谈社会的发展和进步均是抽象的、片面的、非历史的。

生命对每个人来说只有一次,爱惜生命不仅是人的本能,也是人的基本权利之一。只有珍惜自己的生命,才能渴望未来的美好生活,实现自己的人生价值。所以安全是人生自我价值和社会价值的取向,也是实现人生自我价值和社会价值的保障。上升到观念,即安全观是实现人生价值观的保障。

## 三、安全观的发展

观古通今,只有找出安全观发展的历史规律、理顺安全观的发展脉络,才能树立正确的安全观,进而建立具有鲜明时代特色的新型安全观。

### (一)早期的安全宿命观

安全宿命观的产生由来已久,所谓安全宿命观简单地说就是"听天由命"。这种安全观的产生在远古时期是很自然的,因为那时生产力低下,科技水平尚处在初始阶段,人们面对天灾人祸无能为力,表现出人们的一种无奈、无知和软弱,因而只能听天由命。

从历史过程来看,相对于大自然,人的力量毕竟是有限的,所以无论到何时,人要顺应自然,才能是安全的。直到今天,中华民族仍然强调"天人合一""无为而治""以民为本",它们代表了中华民族早期的安全宿命观,其所构建的安全文化氛围具有典型的时代特点,但安全宿命观也不是一成不变的。也就是说安全宿命观并不只具有消极的一面,它的积极意义就在于它追求的是天人的和谐统一,强调的是人要适应自然,要按照自然的规律改造自然并突出了以人为本的核心理念。当然"宿命论"所强调的命运的决定支配作用或服从命运的主张并不能代表宿命"安全观"的主流,因为人们早就发现所谓命好的人也并非是事事都安全。

### (二)安全知命观

安全知命观,这里的"命"说的是天命。这是人们开始能够依据经验把握安全的特点和规律的认识。人们通过自己的实践活动,总结积累事故的经验教训,从而得出与某事相关联的命的好坏和安全活动的局部预知。

我国早在公元前的战国或秦汉时期,就出现了朴素的辩证的儒家作品《周易》。《周易》通过八卦形式(象征天、地、雷、风、水、火、山、泽)的自然现象,推测自然和社会变化,认为阴阳两种势力的相互作用是产生万物的根源。提出"刚柔相推,变化其中矣"等富有朴素的辩证论的安全活动预知观点。可以说《周易》一书中的思想对于当前事故统计预测模型的建立仍然具有一定的指导意义。

到了欧洲工业革命时代,人类在生产活动中,又总结了农业、工业、工程技术和管理的相关安全经验,掌握了保护自身安全的技术,防护方法和措施,人们也就成了安全生产活动的有知者。

与安全宿命观一样,安全知命观既具有时代特点,同时也不是一成不变的。因为经验在不断总结、不断升华。经验始终是指导安全工作的宝贵财富,我们常说的吸取事故教训以指导安全工作就是安全知命观的具体体现。

### (三)系统论与安全系统观

系统论的理论与方法的提出和应用大大推动了安全系统论的发展,实践证明,这是处理复杂系统工程问题的好方法。一方面因为任何事故不可能百分之百地重演;另一方面,某些从未发生过的事故也可能发生,所以凭经验预知事故并不能完全避免事故。系统论的提出及其在高端武器系统中的成功应用给安全工作者提供了一个非常重要的技术手段,解决了安全工作者凭经验不能完全解决的事故预测问题,并从此树立了事故是可以预知这一科学的事故预测观。

系统安全观对安全认识的要点首先是认为事故的发生和发展是有规律、有先兆的,因而用科学的方法是可以预知的。从这一点上,它已经摆脱了宿命观和知命观以命(天命)为主导的对天灾人祸因果关系的原始认识。

系统安全观是科学的,它对事故的预测是按照事故的特点和规律提出预测模型和解析结果。因为事故的发生具有随机性,所以目前事故预测给出的大多是事故发生的概率大小。

### (四)大安全观

所谓大安全观是指针对人类生活、生产、生存的各个领域,关注安全的综合性、共同性、普遍性、合作性等特点,对安全的内涵、目标和解决安全问题的手段所得出的安全问题总的认识。

大安全观的"大"包涵"现代"和"全局观念",从安全概念的动态发展可以看出,大安全观是一个发展的新的安全观念。传统安全观的安全来自于国家安全、社会安全、个人人身安全等内容。大安全也可以称为人类安全,即以人为核心的安全,大安全关注的是所有给人造成不安全感的因素,是以人为核心的高度综合性的安全。大安全观是人们对不同时期安全问题的全新认识而产生的新安全观念。大安全观对国家、社会和环境等各个发展要素的全面关注大幅提升了安全问题在国家、区域发展中的地位,安全和发展也将作为两个同等重要、密切相关的部分,相互制约,相互促进,以保证社会发展的可持续性。大安全观的内容十分丰富,但其中"人的安全"之所以重要,一是它可以危及国家的安全;二是它可以引起社会的关注和干预。

从安全观的历史发展脉络中不难看出,安全观的建立过程不过是追求着自己目的的人的活动而已。也就是说,安全观的建立离不开主体——人的有意识、有目的的实践活动。人的实践活动从客体来看,要受各种物质条件及其所构成的客观规律的制约,从主体来看,又具有主观能动性和选择性。因此,安全观的建立是客观因素与主观因素相互作用的结果。这就使得安全观的形式是多种多样的。但究其本质又是统一的,统一于人的价值活动。因此,只有坚持以人为本的核心理念,构建人与自然、社会与自然的和谐才能不断地完善对安全的认识,进而建立科学的、发展的新型安全观。

# 第三节  安全的属性及规律

## 一、安全的属性

安全属性是认识安全规律的基础,是安全学理论最基本的内容,也是讨论安全理论的主线。因此,对安全属性的认识在安全学中占有很重要的位置。由于安全的主体是人,正如人具有动物属性和社会属性一样,安全也具有自然属性和社会属性。

### (一)安全的自然属性

安全的自然属性是指安全运动中那些与自然界物质及其运动规律相联系的现象和过程。安全的自然属性,首先侧重于人的自然属性在安全方面所表现出来的现象和过程,并且在这个基础上,扩展到自然界的物质及其运动规律在安全方面表现出来的现象和过程。

人的自然属性,包括生理结构、生理机能和生理需要等,这是人性的生理基础。人对安全的需求是本能。但是人身的这些自然属性已不是原来意义上的自然属性,而是"人化"了的自然属性,即深深地打上了社会烙印的自然属性。从而人的自然属性的表现形态和生理需求的满足方式等方面,已注入了社会和安全文化的因素。同时,人在生产过程中所使用的能量(能源)、设备、设施、原材料和自然环境或生产、生活环境等物质因素发生的机械的、物理的、化学的和生物学运动、变化及由此带来的对人的不利影响,以及人们为控制危险因素所采取的物质技术措施,都遵循物质的自然规律。安全的自然属性,也反应了人与物在自然关系中物质的自然属性和规律。

基于上述分析,安全的自然属性可以从两个方面来讨论,一,安全是人的生理与心理需要,这是由人的生命、生活的欲望决定了的自我保存机能,这是先天的,是安全存在的主动因素;二,安全是人类对天灾、生老病死、新陈代谢等自然规律的无奈,使得人们不得不把生命安全经常提到议事日程。这虽然是被动的因素,但它与前一个主动因素相结合,就决定了安全是自古以来人类生活、生存、进步的永恒主题。

安全的自然属性是决定安全规律的基础,是安全命题以及安全科学发展的基础。没有安全的自然属性,就谈不上安全的社会属性,更谈不上安全的命题。因此,对安全的自然属性的正确认识是认识安全科学的基础。

### (二)安全的社会属性

安全的社会属性主要包括与人的社会属性相关的安全特征以及与社会安全相关的安全内涵。

人的社会属性是在改造自然和社会的实践活动中逐渐形成和发展起来的。人的社会属性

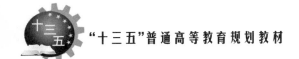

主要表现在：人类共生关系中的依存性，社会生活中的道德性，生产活动中的合作性和人际关系中的社会交往性。人的社会属性，揭示了社会生活的本质以及人与社会的关系，同时也揭示了安全是人的社会属性的共性内容。因为依存性、道德性、合作性、社会交往性都是以社会人的共同安全为基础，都有着各自的安全内涵和要求。

安全的社会属性，是与人的社会属性紧密相连的安全规律，即安全课题中那些基于人的社会属性而产生的安全现象和运动规律。前已述及，人与人的依存性、道德性、合作性、交往性等都是以共同安全为基础的人的社会属性，而且人的本质和人的价值主要取决于人的社会属性，所以以人为本的安全课题，其社会属性的内涵主要源于人的社会属性。同时，从社会学的角度来分析，社会的人是一定劳动生产力的承担者，一定生产关系的承载者，一定政治关系和意识形态的体现者。这些体现为一定的社会经济利益关系，并通过经济基础反映到社会意识、政治上层建筑和一般社会生活，在社会结构众多层面形成与安全紧密相关的社会活动、社会过程和社会关系。这些社会活动过程、社会关系是整个社会结构的组成部分，也受社会运动规律的制约。而且从社会发展的总趋势来看，生产力运动的安全需要是不断向前发展的，安全的经济利益关系，安全观与和谐的政治上层建筑也必然要相应进行调整。认识和利用安全的社会属性，认识安全的社会地位、作用，对调整社会机制，推动社会进步具有重要作用。

社会安全也是安全的社会属性之一。社会安全是众多利益关系的平衡点，换句话说，社会要处于整体安全状态，一味追求利益最大化是不可能达到的，甚至会破坏整体的社会安全。同时我们也应该知道作为一个社会的结合律，没有利益关系的纽带，也是不可能存在的。因此，社会要存在，必须有利益关系作驱动，然而社会要安全，就不能只追求利益最大化。因为追求利益最大化，必然会导致人们不顾安全，并以牺牲安全为代价去换取所谓的最大利益，其最终结果将会适得其反。因此，社会安全，就是社会要利益和社会要安全的矛盾的结合律。社会安全是社会众多利益关系的取向，这一取向不是趋于利益最大化，而是趋于利益与安全的双赢，也就是说，社会安全体现社会众多利益关系的平衡点。

（三）安全的自然属性与社会属性的关系

安全的自然属性和社会属性存在着辩证关系，安全的自然属性是社会属性的基础。由于安全的自然属性与社会属性是由人的自然属性和社会属性在安全领域内表现出的安全属性。同时，也正是由于人的自然属性是社会属性的基础，因此，安全的自然属性是社会属性的基础。安全的自然属性是基础，但安全的自然属性是受社会属性的制约和指导的。而且，安全的社会属性随着社会的发展，在安全的本质中越来越占主导地位。安全的自然属性占主导地位时，人类追求的安全是盲目的，安全问题的解决是被动的，当安全的社会属性占主导地位时，人们对安全问题的解决就变为主动了，对安全目标的追求就变为理智的。同样，在安全科学中安全的自然属性是安全命题成立的前提，并以安全的社会属性为核心，进行安全科学研究。在安全科学与社会发展中，安全的社会属性也就占有主导地位。安全的本质属性是以安全的社会属性为主导的，用安全的社会属性作指导，约束安全的自然属性的社会的、人群的安全特征。

## 二、安全的规律

所谓规律，通常是指客观事物的内在本质联系，或客观事物之间的内在本质联系。安全规律就是安全这一客观事物的内在本质联系。安全规律有狭义和广义之分。狭义的安全规律，是指某一领域或系统中的安全规律,如生产安全规律、交通安全规律。广义的安全规律,是指自然界和人类社会中的安全,即大安全的普遍规律,其内在本质联系,即人与物在其置于的系统中符合客观规律的规律运动,具有安全必然性,是安全的根本规律。其内在本质联系的普遍性表现形式,即受安全本质支配的安全现象,是安全的具体规律。

联系自然界和人类社会普遍存在的安全现象,在与安全本质有普遍联系的安全现象中,安全具有生存规律、构成规律及发展变化规律等。

### (一)生存规律

安全的生存规律,是指安全存在于自然界和人类社会之中,具有与自然界的生态规律和社会的发展规律相依而生的自然属性。

安全不仅是没有危险、不受威胁、不发生事故,是人类生存、社会发展、经济繁荣的条件,而且是伴随人类在生产、生活实践中按事物客观规律办事产生和存在的。安全普遍存在于自然界和人类社会活动之中,由其自身的内在本质联系所具有的安全必然性决定。

自然界的安全,是由自然界中的各种物质(包括动、植物),在其置于的系统中符合自然生态规律的规律运动,具有安全必然性的内在联系。

人类社会的安全,是由人类社会中的各种事物,在其置于的系统中符合客观事物发展规律的规律运动构成的,具有安全必然性的内在本质联系。例如,在生产系统中劳动者、劳动手段、劳动对象,三者结合的生产实践符合生产规律的规律运动,是生产的安全;在交通系统中,人、车、路三者结合的交通实践符合交通规律的规律运动,是交通的安全;可燃物、点火源、助燃物在消防系统中符合消防规律的规律运动。这些均属于安全具有的生存规律。

### (二)构成规律

安全的构成规律,是指能构成自然界和人类社会客观事物规律运动的诸多因素,各自内在与相互之间的本质联系所具有的安全必然性。

安全的构成规律同事故的构成规律之间有所区别,而且安全的构成规律比事故的构成规律要复杂。事故是由某种异常因素与其他因素异常结合发生质变而形成的;安全则是由多种因素各自内在与相互结合的持续规律运动而构成的。例如,生产安全是由劳动者、劳动手段、劳动对象、劳动时间、劳动空间,各自内在与相互之间的本质联系,符合生产规律的持续规律运动而构成的。能够构成生产实践规律运动的5个因素:

(1)劳动者的安全构成因素,是由劳动者的安全思想→安全技能→安全心态→安全行为→安全效果的系列安全因素组合的规律运动构成的。

安全思想是人们认识事故危害和安全价值而形成的自我保护意识,它是人们学习安全技能、产生安全心态、支配安全行为的思想保证。

安全技能是人通过学习和在实践中具有的预防控制事故能力,它是人们产生安全心态、安全行为的技术保证。

安全心态是反映人们的安全思想、安全技能,在安危动态变化中所具有的环境适应性,它是支配人们行为的直接决定因素。

安全行为是人们受思想、安全技能、安全心态支配而形成的生产实践规律运动的表现,它是产生安全效果的决定因素。

安全效果是人们的安全行为中为促进生产发展而获得的安全效益,它是检验安全生产的标准之一。

(2)劳动手段的安全构成因素,如设备的安全构成因素,是由设备的自身安全结构→外延安全功能→安全运行方式→实际安全效果的系列安全因素组合的整体规律运动而构成的。

(3)劳动对象的安全构成因素,仅以煤炭生产中的原煤为例加以说明。原煤开采的安全构成因素,是由原煤的自然结构(如顶板压力、煤层厚度、瓦斯含量等因素)符合生产规律客观要求(即达到安全利用标准)决定的。

如果顶板压力大,瓦斯含量超限,不符合与劳动者有机结合的生产规律要求,就会产生隐患,必须采取防范措施,如做好顶板支护,排放瓦斯,加强通风等,使之达到安全利用的要求,才能构成生产实践的整体规律运动。

(4)劳动时间与劳动空间的安全构成因素,是安全的相关因素。它的安全构成因素是由劳动者、劳动手段、劳动对象在其置于的时间与空间内有机结合达到生产规律要求决定的。

良好的劳动空间,适宜的劳动时间,是安全的构成因素;反之,异常的劳动空间,失控的劳动时间,则是导致事故的因素。

另外,能构成生产实践规律运动的 5 种因素,相互之间的本质联系,是由符合生产规律要求的劳动者,正确使用达到生产规律要求的劳动手段,具有符合生产规律要求的劳动对象,以及三者结合所占有符合生产规律要求的劳动时间、劳动空间决定的。这样,才能构成生产实践的整体规律运动。

综上所述,安全构成规律,是由能构成客观事物规律运动的诸种因素,各自内在与相互之间同客观规律的本质联系所构成的。

### (三)发展变化规律

安全的发展变化规律,是指安全从与隐患、事故的对立统一中分离出来之后,经过理性升华,变成了符合预防、控制事故规律的产物,以其具有的规律性促进人类社会和自然界按客观规律发展。

例如,生产中的安全,随着生产实践的规律运动 – 异常运动 – 异常灾变 – 规律运动的对立统一,在人们认识掌握了安全与事故的运动规律之后,安全就逐渐从生产中分离出来,经过理性升华后,就不再是原来意义的生产实践规律运动的形式,而是变成了符合预防、控制事故规律的产物,如产生了安全生产方针、政策、法规,安全技术以及预防、控制事故的理论与方法等,并以其具有的规律性反作用于生产。即指导人们对生产事故进行超前有效预防和控制,保证劳动者在生产中的安全与健康,劳动手段安全使用,劳动对象安全利用,促进生产力的高速发展,这就是安全所具有的发展变化规律,也是安全具有的社会属性。

综上所述,通过对安全的本质及其运动规律的探索得知,安全除具有社会属性外,还有自然属性,其自然属性同隐患、事故一样,是物质的、运动的、有规律的。人与物的存在和运动是安全产生的条件,人与物的规律运动是安全的本质,规律运动的形式是安全的外延现象。同时安全具有自然生存规律、构成规律,以及与隐患、事故的联系,具有对立统一规律、发展变化规律。由于人与物在其置于的系统中的规律运动具有安全的需要性,所以促使人与物在其置于的系统中的规律运动具有事故的预防性,是从本质上对事故的超前预防。这样,用于指导实践,必能有效预防事故的发生,实现安全生产、安全生活,达到避免事故,保持稳定安全局面的目的。

## 第四节 安全价值观

### 一、安全价值观

安全价值观是人们对安全是否有价值及价值大小的认识和评定。在商品社会里，一切事物本身的价值决定了它的社会地位，价值高、社会地位高，反之则低。这是商品社会主观意志无法改变的价值规律的客观作用。

安全也同其他事物一样，在生产经营活动中的地位也由它们本身价值所决定。安全在生产经营活动中到底有多大价值，目前尚难以计算。由于没有价值指标，在商品社会以经济效益为中心的生产经营活动中就没有了它的地位。党和国家十分重视安全工作，将其纳入国家宪法，又在发展生产的同时，先后颁布了各种劳动保护法规，建立了各种专业机构和劳动保护科研机构，拨出大量经费改善劳动条件，并在长期生产建设的实践中总结确立了"安全第一、预防为主、综合治理"的安全生产工作方针，明确指出安全生产是全国一切经济部门和生产企业的头等大事，要求各级领导把它放在生产工作的首位。尽管如此，安全还是无法脱离没有经济指标的困境，成为一般化的宣传内容，"安全第一"也就成了没有权威的口号。因此，在一些企业和企业的主管部门的领导人中，出现了重生产轻安全的思想，甚至错误地认为："生产效益不好，安全再好也没有用；安全本身没有效益，安全效益是间接的；安全是个负效益，只有发生事故，造成损失，才能看出安全效益。"等。还有一些企业在生产活动中只是片面地讲生产效益，不顾安全；上生产能力、买生产设备有钱，改善劳动条件、治理事故隐患没钱；简易投产、凑合生产、有章不循甚至冒险作业。企业在配备安技人员时，不按国家规定比例，不重才能、凑数，安技人员素质低，安全机构和队伍不稳定等。致使安全工作跟不上生产的发展，造成安全生产形势不稳定，伤亡事故、恶性事故不断发生，重复发生。这不仅造成严重的经济损失，也影响了企业的形象和社会的安定团结。因此，在商品社会里，安全的价值必须得到充分的体现，并被大家所接受，才能真正推动安全工作的开展。

### 二、安全价值及其分析方法

#### （一）安全价值

安全价值，即是安全功能与安全投入的比较，其表达式为：

$$安全价值(V) = 安全功能(F)/安全投入(C) \tag{2-1}$$

所谓安全功能，是指一项安全措施在某系统中所起的作用和所担负的职能。例如，传动带护栏的安全功能是阻隔人与传动带的接触，湿式作业的安全功能是降尘，安全教育的功能是增加职工的安全知识和增强安全意识等。可见，安全功能的内涵是非常广泛的。从安全价值的计算公式可知，安全价值与安全功能成正比，与安全投入成反比。这种函数关系的建立，使得安全价值成了可以测定的量。

#### （二）安全价值的分析方法

安全价值一般运用安全价值工程的方法进行分析。安全价值工程是一种运用价值工程的理论和方法,依靠集体智慧和有组织的活动,通过对某些安全措施进行安全功能分析,力图用最低的安全寿命周期投资,实现必要的安全功能,从而提高安全价值的安全技术经济方法。其主要内容包括:

**1. 降低安全寿命周期投资**

任何一项安全措施,总要经过构思、设计、实施和使用,直到它基本丧失了必要的安全功能而需要进行新的投资为止的过程,这就是一个安全寿命周期。而在这一周期的每个阶段所需费用就构成了安全寿命周期投资。安全价值分析活动的目的,就是使安全寿命周期投资达到最低、安全功能达到最适宜的水平。安全寿命周期投资与安全功能的关系如图 2-2 所示。图中 $C_{\min}$ 为安全寿命周期投资最低点,相应的 $F_0$ 为最适合的安全功能。显然,在图中存在着一个安全功能可能提高或改善的幅度 $F_1 \sim F_0$。安全价值分析活动的目的,就是使安全寿命周期投资到 $C_{\min}$,而使安全功能达到最适宜的水平 $F_0$。

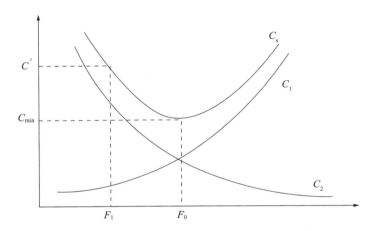

图 2-2  安全寿命周期投资与安全工程的关系

$C_s$ – 安全寿命周期投资, $C_s = C_1 + C_2$; $C_1$ – 设计制造投资; $C_2$ – 使用投资; $F_1$ – 目前安全功能; $F_0$ – 最适合的安全功能; $C'$ – 目前投资; $C_{\min}$ – 为安全寿命周期投资最低点。

**2. 安全功能分析**

安全价值不是直接研究"安全"与"投资"本身,而是从研究安全功能入手,找出实现所需功能的最优方案。以安全功能分析为核心,是安全价值独特的研究方法。

**3. 实现必要的安全功能**

所谓必要的安全功能就是为保证劳动者的安全与健康以及避免财产的意外损失,决策人对某项安全投资所要求达到的安全功能。安全功能分析,就是确保实现必要的安全功能,消除不必要的功能,从而达到降低安全投入,提高安全价值的目的。

**4. 集体智慧和有组织的活动**

安全价值中一个最基本的观点是,目标是一定的,而实现目标的手段是可以选择的。这就要求开展安全价值活动的组织者要依靠集体的智慧,广泛选择最优的方案,并发动群众,有计划、有步骤、有组织地实施各项工作。

从安全价值的计算表达式可以看出,提高安全价值的途径主要有以下几种。

①$F$ 提高, $C$ 下降。即提高产品功能,又使成本下降。这是比较理想的途径,是安全价值工

程的首要选择。但这种能使安全价值大幅度提高的途径,一般难以实现。

②$F$ 提高,$C$ 不变。即在成本不变的情况下,提高功能及价值,着眼于功能提高。

③$C$ 略有提高,$F$ 有更大的提高。表示成本略有提高而安全功能实现大幅度提升,同样可以提高安全的价值,此种方法是通过提高功能来提高价值。

④$F$ 不变,$C$ 降低。即在产品功能不变的情况下,降低成本,提高价值,着眼于成本降低,改进工艺,提高管理水平。

⑤$F$ 略有下降,$C$ 大幅度下降。安全功能略有下降,成本大幅度下降,从而使安全价值有所提升,此种方法关键在于能大幅度降低安全的投入。

由于人们对安全程度的要求在逐步提高,因此,前 3 种途径是我们寻求提高安全价值的主要途径,后 2 种途径则只能在某些特殊情况下使用。

从以上的分析中可知:要提高安全价值并不是单纯追求降低安全投入,或片面追求提高安全功能,而是要求改善两者之间的比值。实际上,如果由于降低安全投入而引起安全功能的大幅度下降,这显然是违背安全投资的初衷,并不可取。相反,如果不顾一切片面追求安全功能以致使安全投资大幅度上升,不符合我国目前的社会发展阶段的实情,国家和企业也难以承受,同样也不可取。

### 三、安全价值的特点

**1. 公共性**

安全可以产生社会效益,如社会稳定、国民健康水平、国际竞争力等。如果企业做到生产安全,维护职工健康,社会的不稳定因素无疑会大大减少,作业工人的健康水平同样会大幅度提高;如果产品自身本质安全性好,必定具有极强的市场竞争力。

**2. 非交换性**

安全不是用来投放市场进行交换的,安全是一种实际存在,但它不是用质量和实体进行衡量的,通过安全的横向分析,可以清楚地看到安全是通过劳动、技术、投资共同作用所带来的一种产品。它不进入流通领域,不能在市场中交换,无市场价值,因此社会上就存在安全无价的说法。安全享用者(消费者)不愿一个人支付得到安全所需的费用而让别人来享用(消费)。由于安全无市场价值的特性,促使许多学者去研究新的方法,以计算安全的经济效益。

**3. 安全价值的隐性与显性**

国家制定的有关安全标准与职工满意度和其工作(作业)效率是一个联动的关系。一个负责任的企业达到国家制定的安全生产标准,这本身就是自身价值的体现,国家也予以肯定。职工对于自身工作环境的满意会促使其对企业领导、管理、团队以及发展前景有一个高度的评价,对自己的未来有自信,工作中投入自己极大的热情,企业充满了生命力。安全的作用就在于结合生产的特点,控制生产过程中危害的产生,使生产过程中的人、机、环境免遭损害。

### 四、安全价值与生产价值的关系

生产活动是人类赖以生存和发展的基本条件。人类通过各种形式的生产活动创造出人类生存与发展所需要的各种物质财富。在商品社会,对这些财富的另一种说法是生产价值,追求生产价值是商品社会生产经营活动的主要目的,这是任何制度和任何形式的生产活动都无例外的。自古以来,所有从事生产活动的人们都尽一切努力争取获得较高的生产价值,而获得价

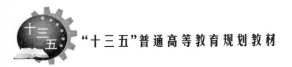

值的高低,主要取决于生产活动过程中的效益系数和安全系数。其计算公式见式(2-2):

$$生产价值 = 生产活动 × 效益系数 × 安全系数 \qquad (2-2)$$

生产活动是指从事生产的人们通过某种组织形式(人),在特定的环境(环)里,操纵工具设备(机),按照规定的工艺方法(法)对原材料(料)进行加工制造,得出具有使用价值的产品(商品),销售给用户,再从原材料单位采购回生产所需要的各种原材料供生产需要。我们把这一整个过程称为生产活动,也就是生产活动的五因素(人、机、环、料和法)相互作用的过程。

不同的生产过程,五因素的基本状况也各不相同,对生产效益(价值)的影响也就不同,概括起来有两大作用:一是对生产的正作用,也就是有利作用,可创造生产价值,作用大小用效益系数表示;二是对生产的副作用,即有害作用,也就是发生事故造成的经济损失,作用大小用安全系数表示。

效益系数是表示在生产过程中创造价值的效率,是生产资本对生产价值(净产值)的比值,它的大小取决于生产活动过程中的五因素的素质,即正作用的大小,素质越好,正作用越大,效益越高,系数越大,反之则小。安全系数是表示生产过程中的安全程度,它的大小取决于生产活动过程中五因素的缺陷程度,即副作用的大小,缺陷越多、越大,副作用就越大,发生事故的机会就越多,事故的经济损失也随之增大,安全系数就越小,反之则大。

安全系数等于1减去生产过程中的事故损失价值与生产投资(生产资本)的比值。当事故损失价值低于净产值时,可采用式(2-3)简易算法:

$$安全系数 = 1 - (事故损失价值/净产值) \qquad (2-3)$$

安全系数在0~1之间变化,安全系数等于1的生产过程,是绝对安全的生产过程。这时的生产效益(价值),只随效益系数变化,安全有了绝对的保证。虽然这种情况极为少见,但这正是安全工作追求的目标。安全系数小于1的生产过程,生产效益(价值)不仅随效益系数变化,更随安全系数变化而变化。安全系数等于0的生产过程,生产过程没有丝毫安全保证,在这种情况下的生产活动无法进行,有生产活动就会发生事故,生产效率再高,生产效益(价值)也小于0,即出现负效益。

实践告诉我们,安全孕育在生产活动之中,生产离不开安全的保证,这是一个生产过程中不可分割的两个方面,它们相互依存。安全不仅是生产价值形成的重要组成部分,同时又是生产价值好坏的决定因素。实践证明:有安全,就有效益;没有安全,就没有效益。安全不但要保证新创生产价值的安全实现,还要保证原有生产资本不受损失。但是,安全与效益又互为矛盾,企业要提高安全水平,就需要增加投入,就会影响企业的效益,况且事故的发生一般是属于低概率事件。这就给一些企业及相关的领导人造成一种印象,认为安全只有投入,没有产出,导致在企业运行过程中,只顾抓生产,不重视安全,一旦发生事故则悔之晚矣。特别是私营企业主,这种情况就更加明显,这也是当前我国重大恶性事故多发生在私营、乡镇企业的主要原因之一。

# 第五节　大安全观

## 一、大安全观及提出的背景

### (一)大安全观

如果将以生产领域为主的技术安全扩展到生活安全与生存安全领域,形成生产、生活、生存的大安全,将仅由科技人员具备的安全意识提高到全民的安全意识,这就是科学的大安全观。

安全是人类发展和社会文明的重要标志,保护人类的安全与健康是每个人、每个群体、每个地区、每个国家乃至全球的最基本需求,也是社会和公众崇高的伦理和公德。从本质上看,没有人类的安全就没有世界的和平,也就不可能造就人类的幸福乐园。安全的程度和质量,可以用安全科技和安全文化的水平来衡量。安全科技与文化的进步和繁荣,又取决于安全文化建设的投入及大安全观的确立。我国的安全和减灾界专家认为,树立新世纪的大安全观,是推动我国社会主义建设可持续发展的重要保障之一。

树立大安全观的目的就是动员全社会、全民族、各行各业、上上下下,通过安全减灾的国家战略和系统工程,除了保证实现国家和企业的安全生产,更是为了追求人类的安全生存,社会的和谐、稳定。

(二)大安全观提出的背景

**1. 树立科学大安全观**

在当今社会发展中,人类会遇到诸如能源、生态环境、健康和自然灾害、社会性灾害以及两者的结合性灾害等关系到人类生存、生产、生活的安全问题,这些安全问题即现实意义上的大安全问题,也就是大安全科学应当进行研究的对象。寻究这些问题的发生原因,不难看出它们并不是简单的一个学科或技术就能够解决的。另外,科学技术快速发展促进了多种学科和新兴领域相继涌现,不断产生新的交叉点和生长点,如核技术的威胁、网络技术、克隆技术、基因重组所产生的系列伦理问题都给安全领域带来了新的课题与挑战,也就是前面已经提及的安全科学是自然科学、社会科学、技术科学的交叉,它已经形成由各个部门、研究领域的合作共同解决的态势,由此必须树立科学的大安全观。

从科技发展的持续性、整体性、协调性以及创新性的角度上来评价这些问题使得传统安全观越来越无法与之相适应,而以大安全观为认识背景来研究安全学是正确理解和解决人类生存、生产、生活安全问题的基础。

**2. 安全文化体系的构建需要大安全观的指导**

安全文化是随着社会发展而发展的。在经济快速发展的社会中,人民生活的需求越来越大,人们为了更好地生存、生活,安全就成为第一需要。狭义的安全文化观已不适应社会发展需要。这就要求我们把倡导大安全观作为安全文化建设的主旋律,以安全文化的大视野、多领域、不同角度去反映大众的安全与健康问题,通过各种方式和途径,弘扬和倡导大安全观,把劳动者生活、生存和在生产中的安全问题引导为对安全文化的认识,大力宣传安全观、安全思维、安全意识、传播科学的消灾避险方法和技能,提高全民族、全社会的安全文化意识和素质。

**3. 大安全观是构建质量、环境、职业健康安全管理体系一体化的理论基础**

随着 ISO 9000(质量管理与保证体系系列标准)、ISO 14000(环境管理体系系列标准)与 OHSAS 18000(职业安全与健康管理标准)的相继出台,大大地推进了现代企业管理改革的步伐。但在实践中,从不同的角度都发现了三者的个性和共性的差异以及要素的交叉、重叠问题,因此寻求和探讨设计一个新的构架来保证大众的安全与健康,并形成一体化标准成为当务之急。这种需要,使得必须为安全、质量以及环保构建一个共同的理论基础,而这个理论基础正是大安全观。

**4. 国际安全、国家安全、社会安全的紧密相关是大安全观产生的必然**

现代人类社会的不断融合与一体化促使了国家与国家之间的安全问题、国家本身的安全问题、社会安全问题的交叉与紧密相关。就经济安全来说,经济安全涉及国际、国家、社会安全的全部内容。经济安全之所以越来越成为世界各国所关注的主题,原因主要包括 3 个方面。

一是国际竞争的重点转向了经济。冷战以后,国家之间竞争的重点由军事竞争转向综合国力的竞争。经济和科技是综合国力中的决定性因素。一个国家要想在综合国力较量中取得优势,必须集中精力和资源发展本国经济,不断增强经济实力,而经济发展的首要条件或者说基本前提是确保安全的经济环境。21 世纪初,经济安全成为国际社会关注的核心。早在 1994 年,美国在国家安全战略报告中就将"经济安全"确定为国家安全战略的三大目标之一,并在后来的国家安全战略报告中,一再重申经济安全的核心地位。日本、俄罗斯、欧盟等众多国家都把经济安全视为国家安全战略的重中之重。

二是维护经济安全的难度比维护其他安全的难度大。经济安全涉及面广,内容复杂,其中主要有金融安全、产业安全、贸易安全、生态环境安全、技术安全和信息安全等。这些领域不确定性大,动态性强,维护难度大。比如,一个国家信息技术落后、信息权意识淡薄就会造成对别国的信息依赖,这样不仅可能造成经济利益的损失,而且会给国家的信息安全和整个经济安全带来严重隐患。

三是经济不安全将导致严重后果。当代经济的核心是金融,经济安全的核心是金融安全。随着经济全球化向深度发展,全球化的客观需要与现行国际金融体系的矛盾将进一步加深,发生金融危机的可能性加大,而且,经济全球化的程度越高,金融危机的破坏性就越大。在经济全球化时代,一个国家或地区发生金融危机,就会产生"多米诺骨牌效应",殃及其他国家或地区。经济不安全不仅造成经济利益的重大损失,而且还造成社会动荡,威胁国家的政治安全、军事安全。经济不安全对国家安全的威胁是直接的、全面的,而且往往会引起不良的连锁反应。

综上所述,这三者之间的紧密相关,都体现了安全的综合性、共同性、普遍性、合作性等特点,这就使得大安全观的产生成为必然,人类社会应当以大安全观的视野来解决这些大安全问题。

# 二、科学大安全观的内容

## (一)树立"人人要安全,安全为人人"的全民安全意识

"安全第一,预防为主,综合治理"是安全工作的指导方针,要坚定不移地贯彻到各行各业的工作中,同时要扩展到全社会、全民族以至全世界。倡导大众牢固树立"人人要安全,安全为人人"的全民安全意识,提高新世纪的安全文化素质和树立科学的大安全观,营造人民安全、社会稳定的环境和条件,将灾害和意外伤亡事故降到最低限度,形成生产、生活、生存的大安全观氛围,实现国富民强,国泰民安。

## (二)树立全民安全文化素质的教育观

宣传和教育是普及公众和社会安全意识的重要手段,树立新世纪的大安全观,当务之急是培养中小学生树立起科学的大安全观,使他们具有安全文化知识、职业伦理道德、安全行为规

范、自救互救和应急逃生的意识。要用安全文化知识启迪人、教育人、造就人,形成全国安全文化氛围的大气候,呈现安全、卫生、舒适的文明环境,使之成为当代两个文明建设的重要标志。国家领导者和决策层有责任厉行安全,有义务对社会、对人民负责。

（三）坚持科教减灾的科学观

应用安全科学及高新技术,对灾害和意外伤害事故进行评估、预测、减灾、防灾,培养超前预防的安全意识和安全思维,依靠科学方法和全民参与的行动来实现"安全第一、预防为主、综合治理"的宗旨,保护大众的身心安全与健康。要有远虑,更要注意力排近忧,对灾害的预防,时刻不容放松和怠慢。

（四）全力发展科学减灾的信息观

减灾工作中必须综合利用研究人员、预报人员、决策人员和规划人员,使这种综合减灾得以实现。尤其需要在受灾地区加强协作和信息交流,需要加强数据和信息交换,提高灾害信息的获取时效,这是减灾工作取得成效的重要因素。

（五）树立综合减灾的决策管理观

综合减灾作为准军事行动就要借鉴并应用"预警与应急"的管理模式。通常意义上的综合管理模式是政府组织管理职能部门根据总体发展要求,用行政、经济、法律等手段,对区域中的人流、物流、信息流进行计划、指导、控制、监督和调节,以达到预定目标的过程。按联合国救灾署颁发的防灾减灾指南的要求,应急预警"如果在临灾或可能带来灾害性后果的事件之前及时给出计划,使一切准备就绪,那么就可能减轻这些灾害后果的严重程度"。我国近50年来虽在安全减灾诸方面加强了管理及执行机构建设,但一般都是单领域、单专业的,缺乏综合减灾思路下的统一指挥及综合协调。严重的是,全国不少城市(包括北京)正在策划同类的单专业防灾机构建设,不仅将继续占用国家宝贵的减灾投资,更人为地加重了管理上的矛盾及复杂性。因此,这里强调的大安全观一定是综合减灾的管理思想,绝不可再做重复建制、重复浪费的事。

 **思 考 题**

1. 如何理解安全与危险的对立统一?
2. 流变和突变的统一主要表现在哪几方面?
3. 安全观与人生观、价值观、人生价值观的关系如何?
4. 安全具有哪些属性?
5. 安全规律的表现形式如何?
6. 什么是安全价值?
7. 安全价值具有哪些特点?
8. 安全价值与生产价值的关系如何?
9. 科学大安全观的内容有哪些?

第二章 安全观

# 第三章　事故及事故致因理论

## 第一节　事故概述

### 一、事故的定义

事故是人们在实现其目的的行动过程中,不期望的、突然发生的、迫使其有目的的行动暂时或永远终止的一种意外事件,这种事件可造成死亡、疾病、伤害、损坏或其他损失。这个定义包括以下几重含义。

#### (一)存在某种实现目的的行动过程

事故是一种发生在人类生产、生活活动中的特殊事件,人类的任何生产、生活活动过程中都可能发生事故。因此,人们若想把活动按自己的意图进行下去,就必须采取措施防止事故。

#### (二)不期望发生

事故是违反人的意志的,是不期望发生的。事故的发生可以中断、终止正在进行的活动,这必然给人们的生产、生活带来某种形式的影响。因此,事故是一种违背人们意志的事件,是人们不期望发生的事件。但这种不期望发生,指的是大多数人或是某种实现目的的行动主体不期望发生。例如,偷盗抢劫事件的发生,正常情况下大多数人都不希望其发生,发生了就是一种事故,但对于进行偷盗抢劫的少数人来说就是一种成功行为,而不是事故。所以一个事件是否构成事故需要从不同角度考虑。

#### (三)突然发生

事故是一种突然发生的、出乎人们意料的意外事件。这是由于导致事故发生的原因非常复杂,往往是由许多偶然因素引起的,因而事故的发生具有随机性质。在一起事故发生之前,人们无法准确地预测什么时候、什么地方、发生什么样的事故。由于事故发生的随机性质,使得认识事故、弄清事故发生的规律及防止事故发生成为非常困难的事情。

事故定义中的"突然发生"这个关键词意味着事故是在短时间内发生的,而时间的长短只是相对的。职业病事件的发生有的是长期的、慢性的,如某职工在不清洁的环境中工作了5个月,若干年后发现他得了职业病,这5个月的工作时间对从业人员整个职业生涯来说是短暂的或者突然的,得职业病这个事件是意外的和带来损失的,符合事故的定义,所以职业病事件可以说是事故。

#### (四)迫使行动暂时或永远终止

事故是一种迫使进行着的生产、生活活动暂时或永久停止的事件,这是事故后果的形式之一。

（五）造成损失的意外事件

事故这种意外事件除了影响人们的生产、生活活动顺利进行之外，往往还可能造成人伤害、财物损坏等其他形式的后果。因此，在安全科学中，我们将事故描述为可造成死亡、疾病、伤害、损坏或其他损失的意外事件。

## 二、事故的分类

### （一）按照伤害原因和状况分类

为了研究事故发生原因及规律，便于对伤亡事故统计分析，国标《企业职工伤亡事故分类》（GB 6441—1986）根据伤害原因和状况把伤亡事故划分为20类。

（1）物体打击（适用于落下物、飞来物、滚石、崩块所造成的伤害，但不包括因爆炸引起的物体打击）。

（2）车辆伤害（适用于机动车辆在行驶中的挤、压、撞车或倾覆等事故以及在行驶中上下车，搭乘矿车或放飞车，车辆运输挂钩事故，跑车事故）。

（3）机械伤害（适用于机械设备与工具引起的绞、辗、碰、割、戳、切等伤害。属于车辆、起重设备的情况除外）。

（4）起重伤害（从事起重作业时引起的机械伤害事故，它适用各种起重作业，但不适用于触电、检修时制动失灵引起的伤害、上下驾驶室时引起的坠落或跌倒）。

（5）触电（适用于电流流经人体，造成生理伤害的事故）。

（6）淹溺（除常规淹溺事故外，也适用于船舶、排筏等设施在航行、停泊、作业时发生的落水事故）。

（7）灼烫（主要包括烧伤、烫伤、化学灼伤、放射性皮肤损伤等，但不包括电烧伤以及火灾事故引起的烧伤）。

（8）火灾（适用于企业火灾事故，不适用于非企业原因造成的火灾，比如，居民火灾蔓延到企业）。

（9）高处坠落（适用于脚手架、平台、陡壁施工等高于地面的坠落，也适用于由地面踏空失足坠入洞、坑、沟、升降口、漏斗等情况。但必须排除因其他类别为诱发条件的坠落，如高处作业时，因触电失足坠落不属于高处坠落事故）。

（10）坍塌（适用于因设计或施工不合理而造成的倒塌，以及土方、岩石发生的塌陷事故，如建筑物倒塌，脚手架倒塌，挖掘沟、坑、洞时导致土石的塌方等情况。不适用由于矿山冒顶片帮事故或因爆炸、爆破引起的坍塌事故）。

（11）冒顶片帮（适用于矿山、地下开采、掘进及其他坑道作业发生的坍塌事故）。

（12）透水（适用于井巷与含水岩层、地下含水带、溶洞或与被淹巷道、地面水域相通时，涌水成灾的事故，不适用于地面水害事故）。

（13）放炮（适用于各种爆破作业，如采石、采矿、采煤、开山、修路、拆除建筑物等工程进行的放炮作业引起的伤亡事故）。

（14）火药爆炸（适用于火药与炸药在生产、运输、储藏的过程中发生的爆炸事故）。

（15）瓦斯爆炸（适用于煤矿，同时也适用于空气不流通，瓦斯、煤尘积聚的场合）。

（16）锅炉爆炸（适用于锅炉发生的物理性爆炸事故，不适用于铁路机车、船舶上的锅炉以及列车电站和船舶电站的锅炉发生的爆炸事故）。

（17）受压容器爆炸（适用于盛装气体或者液体，承载一定压力的密闭容器发生的爆炸）。

（18）其他爆炸（适用于除瓦斯爆炸、锅炉爆炸和受压容器爆炸以外的爆炸事故）。

（19）中毒和窒息（适用于因接触有毒物质或氧气缺乏而引起的中毒和窒息事故，不适用于病理变化导致的中毒和窒息的事故，也不适用于慢性中毒的职业病导致的死亡）。

（20）其他伤害（凡不属于上述伤害的事故均称为其他伤害，如扭伤、动物咬伤等）。

### （二）按照伤害程度分类

《企业职工伤亡事故分类》中根据事故对受伤者造成的损伤导致劳动能力丧失的程度进行分类，伤亡事故的伤害分为轻伤、重伤和死亡。

（1）轻伤指损失工作日为1个工作日以上，105个工作日以下的失能伤害。

（2）重伤指损失工作日等于或超过105个工作日的失能伤害，重伤的损失工作日最多不超过6000个工作日。

在日常的伤亡事故管理过程中对于重伤的判定有一定的规则，凡具有下列情形之一的，均作为重伤事故处理。①经医师诊断已成为残废或可能成为残废的；②伤势严重，需要进行较大手术才能挽回的；③人体重要部位严重灼烫、烫伤；④严重骨折；⑤眼部受伤较剧，有失明可能的；⑥手部伤害（其中大拇指轧断1节或食指、中指、无名指、小指任何一只轧断2节或任何两只各轧断1节，局部肌腱有残废可能）；⑦脚部伤害；⑧内部伤害（内脏损坏，内出血或伤及腹膜）。

（3）死亡指损失工作日为6000个工作日。这是根据我国职工平均退休年龄和平均死亡年龄计算出来的。

### （三）按照人员伤亡和直接经济损失分类

2007年国务院颁布的《生产安全事故报告和调查处理条例》中根据人员伤亡和直接经济损失情况将生产安全事故分为4个等级。

（1）特别重大事故：一次造成30人以上死亡；或者100人以上重伤（包括急性工业中毒，下同）；或者1亿元以上直接经济损失的事故。

（2）重大事故：一次造成10人以上30人以下死亡；或者50人以上100人以下重伤；或者5000万元以上1亿元以下直接经济损失的事故。

（3）较大事故：一次造成3人以上10人以下死亡；或者10人以上50人以下重伤；或者1000万元以上5000万元以下直接经济损失的事故。

（4）一般事故：一次造成3人以下死亡；或者10人以下重伤；或者1000万元以下直接经济损失的事故。

上述分类中"以上"包括本数，"以下"不包括本数。

### （四）事故的其他分类

（1）按照造成事故的责任不同，分为责任事故和非责任事故两大类。责任事故，是指由人们违背自然或客观规律,违反法律、法规、规章和标准等行为造成的事故。非责任事故,是指遭遇不可抗拒的自然因素或目前科学无法预测的原因造成的事故。

(2)按照事故造成的后果不同,分为伤亡事故和非伤亡事故。造成人身伤害的事故称为伤亡事故。只造成生产中断、设备损坏或财产损失的事故称为非伤亡事故。

(3)按照事故监督管理的行业不同,分为企业职工伤亡事故、火灾事故、道路交通事故、水上交通事故、铁路交通事故、民航飞行事故等。

(4)按照与生产有无关系,分为生产事故和非生产事故。由于生产活动是人类一切其他活动的基础,因此,生产事故是我们所要着重讨论的对象。生产事故系指企业在生产过程中突然发生的、伤害人体、损坏财物、影响生产正常进行的意外事件。根据生产事故所造成的后果的不同,分为设备事故、人身伤亡事故、险肇事故(有的也称为未遂事故),其中,人身伤亡事故又称工伤事故。

## 三、事故的主要影响因素

从宏观上看,事故的发生可分为自然界因素(如地震、山崩、海啸、台风等)的影响以及非自然界因素的影响两类。后者也被称为人为的事故,前者往往非人力所能左右。这里着重研究非自然界的影响因素所造成的工伤事故。目前认为,工伤事故是由于不安全状态或不安全行为所引起的。具体地说,影响事故是否发生的因素有5项,即人、物、环境、管理和事故处置。

### (一)人 的 原 因

所谓人,包括操作工人、管理干部、事故现场的在场人员和有关人员等。他们的不安全行为是事故的重要致因。主要包括:

(1)未经许可进行操作,忽视安全,忽视警告。

(2)危险作业或高速操作。

(3)人为地使安全装置失效。

(4)使用不安全设备,用手代替工具进行操作或违章作业。

(5)不安全地装载、堆放、组合物体。

(6)采取不安全的作业姿势或方位。

(7)在有危险运转的设备装置上或移动着的设备上进行工作;不停机、边工作边检修。

(8)注意力分散,嬉闹、恐吓等。

### (二)物 的 原 因

所谓物,包括原料、燃料、动力、设备、工具、成品、半成品等。物的不安全状态有以下几种:

(1)设备和装置结构不良,材料强度不够,零部件磨损和老化。

(2)存在危险物和有害物。

(3)工作场所的面积狭小或有其他缺陷。

(4)安全防护装置失灵。

(5)缺乏防护用具和服装或有缺陷。

(6)物质的堆放、整理有缺陷。

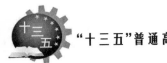 

（7）工艺过程不合理，作业方法不安全。

（三）管理的原因

管理的原因即管理的缺陷，主要包括：

（1）技术缺陷。指工业建、构筑物及机械设备、仪器仪表等的设计、选材、安装布置、维护维修有缺陷；或工艺流程、操作方法存在问题。

（2）劳动组织不合理。

（3）对现场工作缺乏检查指导，或检查指导错误。

（4）没有安全操作规程或安全操作规程不健全，挪用安全措施费用，不认真实施事故防范措施，对安全隐患整改不力。

（5）教育培训不够，工作人员不懂操作技术或经验不足，缺乏安全知识。

（6）人员选择和使用不当，生理或身体有缺陷，如有疾病，听力、视力不良等。

（四）环境的原因

不安全的环境是引起事故的物质基础。它是事故的直接原因，通常指的是：

（1）自然环境的异常，即岩石、地质、水文、气象等的恶劣变异。

（2）生产环境不良，即照明、温度、湿度、通风、采光、噪声、振动、空气质量、颜色等方面的缺陷。

（五）事故处置情况

事故处置情况是指：

（1）对事故前的异常征兆是否能作出正确的判断和反应。

（2）一旦发生事故，是否能迅速地采取有效措施，防止事态恶化和扩大事故。

（3）抢救措施和对负伤人员的急救措施是否妥善。

## 四、事故的基本特征

### （一）事故的因果性

所谓因果就是两种现象的关联性。事故的起因是它和其他事物相联系的一种形式。事故是相互联系的诸多原因的结果。事故这一现象都和其他现象有着直接的或间接的联系。在这一关系上看来是"因"的现象，在另一关系上却会以"果"出现，反之亦然。因果关系有继承性，即第一阶段的结果往往是第二阶段的原因。

给人造成直接伤害的原因（或物体）是比较容易掌握的，这是由于它所产生的某种后果显而易见。然而，要寻找出究竟为何种原因又是经过何种过程而造成这样的结果，却非常困难，因为会有种种因素同时存在，并且它们之间存在某种相互关系。因此，在制定预防措施时，应尽最大努力掌握造成事故的直接和间接的原因，深入剖析其根源，防止同类事故重演。

### （二）事故的偶然性、必然性和规律性

从本质上讲，伤亡事故属于在一定条件下可能发生，也可能不发生的随机事件。事故是由

于客观存在不安全因素,随着时间的推移,出现某些意外情况而发生的,这些意外情况往往是难以预知的。因此,事故的偶然性是客观存在的,与我们是否掌握事故的原因全不相干。换言之,即使完全掌握了事故原因,也不能保证绝对不发生事故。

事故的偶然性决定了要完全杜绝事故发生是困难的,甚至是不可能的。事故的因果性又决定了事故的必然性。事故是一系列因素互为因果、连续发生的结果。事故因素及其因果关系的存在决定事故或迟或早必然要发生。其随机性仅表现在何时、何地、因什么意外事件触发产生。掌握事故的因果关系,砍断事故因素的因果连锁,就消除了事故发生的必然性,就可能防止事故发生。事故的必然性中包含着规律性,既为必然,就有规律可循。必然性来自因果性,深入探查、了解事故因果关系,就可以发现事故发生的客观规律,从而为防止事故发生提供依据。由于事故含有偶然的本质,故不易完全掌握它所有的规律,但在一定范畴内,用一定的科学仪器或手段,就可以找出近似的规律,从外部和表面上的联系,找到内部的决定性的主要关系。如应用偶然性定律,采用概率论的分析方法,收集尽可能多的事例进行统计处理,并应用伯努利大数定律,找出最根本性的问题。从偶然性中找出必然性,认识事故发生的规律性,变不安全条件为安全条件,把事故消除在萌芽状态之中。这也就是防患于未然、预防为主的科学根据。

### (三)事故的潜在性、再现性、预测性

事故往往是突然发生的。然而导致事故发生的因素,即"隐患或潜在危险"是早就存在,只是未被发现或未受到重视。随着时间的推移,一旦条件成熟,就会显现而酿成事故,这就是事故的潜在性。

事故一经发生,就成为过去。时间是一去不复返的,完全相同的事故不会再次显现。然而如果没有真正地了解事故发生的原因,并采取有效措施去消除这些原因,就会再次出现类似的事故。我们应当致力于消除这种事故的再现性,这是能够做到的。

人们根据对过去事故所积累的经验和知识,以及对事故规律的认识,并使用科学的方法和手段,可以对未来可能发生的事故进行预测。事故预测就是在认识事故发生规律的基础上,充分了解、掌握各种可能导致事故发生的危险因素以及它们的因果关系,推断它们发展演变的状况和可能产生的后果。事故预测的目的在于识别和控制危险,预先采取对策,最大限度地减少事故发生的可能性。

## 第二节 事故的致因理论

### 一、事故致因理论的起源与发展

为了防止事故发生,必须弄清事故为什么会发生,造成事故发生的原因因素——事故致因因素有哪些。在此基础上,研究如何通过消除、控制事故致因因素来防止事故发生。

事故是一种可能给人类带来不幸后果的意外事件。千百年来,人类主要是从"事故学习事故",即根据事故发生后残留的关于事故的信息来分析、推论事故发生的原因及其过程。由于事故发生的随机性质,以及人们知识、经验的局限性,使得人们对事故发生机理的认识变得十分困难。

在科学技术落后的古代,人们往往把事故的发生看做是人类无法违抗的"天意"或"命中注定",而祈求神灵保佑。随着社会的发展,科学技术的进步,特别是工业革命以后工业事故频繁发生,人们在与各种工业事故斗争的实践中不断总结经验,探索事故发生规律,相继提出了阐明事故为什么会发生,事故是怎样发生的,以及如何防止事故发生的理论。由于这些理论着重解释事故发生的原因,以及针对事故致因因素如何采取措施防止事故,所以被称做事故致因理论。事故致因理论是指导事故预防工作的基本理论。

开始没有事故致因理论,比如英国,虽然在1802年就最早颁布了工厂健康安全法,但19世纪的安全检查由医生组织,一般只/普遍重视职业病,不(那么有能力)注重安全事故的预防甚至认为事故是不能预防的。工伤补偿法的颁布导致了事故致因理论的发展。工伤补偿法颁布以前的19世纪,工人受伤不能自动收到补偿,要靠诉讼后的"习惯法"裁决,如果裁决为自己有过错、他人有过错、知道危害所在、资方无疏忽,工人就拿不到补偿。美国的纽约州于1908年颁布了世界上第一个工人补偿法,1911年,美国的威斯康星州颁布了第二个工人补偿法,并为后人所知。补偿法规定工人受伤可以无条件得到补偿,这样企业主为省钱就必须搞好安全,这就导致了当时的一场安全运动(safety movement),死亡人数从1912年的1.8~2.1万人下降为1933年的1.45万人,下降25%。所用方法仅仅是改善物理环境(cleaning up the physical conditions),效果明显,原因是当时物理条件太差。于是,人们相信,物理状况是事故的原因,但物理状况的改善并不总是有效的,人们进行了不断的研究,提出了很多的事故致因理论。从1919年的事故易发倾向理论开始经过漫长过程发展到了现代事故致因论。

事故致因理论是一定生产力发展水平的产物。在生产力发展的不同阶段,生产过程中出现的安全问题也不同,特别是随着生产方式的变化,人在生产过程中所处地位的变化,引起了人们安全观念的变化,从而产生了反映安全观念变化的不同的事故致因理论。

从1919年英国的格林伍德(Greenwood)和伍兹(woods)到1931年的海因里希(Heinrich,美国),接下来的数十年中,人们提出了很多作为事故预防指导的事故致因学说,但具有较大科学价值的事故致因与事故预防学说最早是从海因里希开始的,他作了大量的事故统计后得到的事故致因学说和事故预防方法至今仍然有较大的应用价值。

事故致因理论大体来说包括3个主要方面,一是事故致因链,把事故及其后果与事故的直接、间接、根本、根源原因连接成一个链条,使人们能够看清楚事故发生的原因及预防措施的作用顺序和位置,以及它们的相互影响关系,是事故预防的基本理论路线;二是事故归因论,将事故的原因,尤其是直接原因进行具体分类,是制定事故预防策略的理论基础;三是安全累积原理,建立事故发生的次数和严重度之间的关系,是重大事故预防的基本理论途径。

事故致因链大体可以分为古典事故致因链、近代事故致因链和现代事故致因链3个阶段。古典事故致因链从1919年格林伍德和伍兹提出事故易发倾向开始到1972年威格斯沃斯(Wigglesworth,澳大利亚)提出事故的教育模型之前为止。期间提出了很多事故致因链,它们共同的特点是分析和描述事故致因时基本上只从事故引发者的个人特质或者引发事故的直接物理原因层面进行,而不涉及这些原因的广泛影响因素。近代事故致因链的研究大约始于20世纪70年代威格斯沃斯的教育模型,至20世纪80年代形成和发展,并逐步形成比较稳定的认识,期间也有数个事故致因链被提出,其共同特点是将管理因素作为事故的根本原因引入了事故致因链,但未能将"管理因素"具体化,人们不知道"管理因素"具体是哪些因素,以致管理实践中难以操作。现代事故致因链应是从1990年瑞森的学说开始。中国矿业大学傅贵教授认为英国的瑞森在1990年、加拿大的斯图尔特在2000年提出的事故致因链是两个最具代表性的现代事故致因链,他们将现代事故致因链中的管理因素具体化为几类因素,为事故预防实践操作提供了较好的途径,但还不完善。傅贵在上述现代事故致因链的基础上,结合瑞森的事故根本原因在于组织错误的观点提出了行为安全"2-4"模型,这也是一个现代事故致因链。

## 二、古典事故致因链

### (一)事故频发倾向理论

20世纪初,资本主义世界工业生产已经初具规模,蒸汽动力和电力驱动的机械取代了手工作坊中的手工工具。这些机械在设计时很少甚至根本不考虑操作的安全防护,几乎没有安全防护装置。工人没有受过培训,操作很不熟练,加上长达11~13小时以上的工作时长,伤亡事故频繁发生。根据美国一份被称为"匹兹伯格调查"的报告,1909年美国全国的工业死亡事故高达3万起,一些工厂的百万工时死亡率达到150~200人。根据美国宾夕法尼亚钢铁公司的资料,在20世纪初的4年间,该公司的2200名职工中竟有1600人在事故中受到了伤害。

1919年,英国的格林伍德(M. Greenwood)和伍兹(H. H. Woods),对许多工厂里的伤亡事故数据中的事故发生次数按不同的统计分布(泊松分布、偏倚分布、非均等分布)进行了统计检验。结果发现,工人中的某些人较其他人更容易发生事故。为了检验事故频发倾向的稳定性,他们还计算了被调查工厂中同1个人在前3个月里和后3个月里发生事故次数的相关系数。结果发现,工厂中存在着事故频发倾向者,并且前、后3个月事故次数的相关系数变化在(0.37 ± 0.12)~(0.72 ±0.07)之间,皆为正相关。从这种现象出发,后来法默(Farmer)等人提出了事故频发倾向的概念。所谓事故频发倾向(Accident Proneness),是指个别人容易发生事故的、稳定的、个人的内在倾向。根据这种理论,工厂中少数工人具有事故频发倾向的,被认为是事故频发倾向者,他们的存在是工业事故发生的主要原因。

一般认为,事故频发倾向者往往有如下的性格特征:

(1)感情冲动、容易兴奋。

(2)脾气暴躁。

(3)厌倦工作、没有耐心。

(4)慌慌张张、不沉着。

(5)动作生硬而工作效率低。

(6)喜怒无常、感情多变。

(7)理解能力低、判断和思考能力差。

(8)极度喜悦和悲伤。

(9)缺乏自制力。

(10)处理问题轻率、冒失。

(11)运动神经迟钝,动作不灵活。

日本的丰原恒男发现,容易冲动、不协调、不守规矩、缺乏同情心和心理不平衡的人发生事故次数较多,见表3-1。

表 3-1 事故频发者的特征

| 性格特征 | 事故频发者/% | 其他人/% |
|---|---|---|
| 容易冲动 | 38.9 | 21.9 |
| 不协调 | 42.0 | 26.0 |
| 不守规矩 | 34.6 | 26.8 |
| 缺乏同情心 | 30.7 | 0 |
| 心理不平衡 | 52.5 | 25.7 |

许多研究结果证明,事故频发倾向者并不存在。

(1)当每个人发生事故的概率相等且概率极小时,一定时期内发生事故次数服从泊松分布。根据泊松分布,在大部分工人发生事故中,少数工人发生 1 次,只有极少数工人发生 2 次以上事故。大量的事故统计资料是服从泊松分布的。例如,摩尔(D. L. Morth)等人研究了海上石油钻井工人连续两年时间内伤害事故情况,得到了受伤次数多的工人数没有超出泊松分布范围的结论。

(2)许多研究结果表明,某一段时间里发生事故次数多的人,在以后的时间里往往发生事故次数不再多了,并非永远是事故频发倾向者。通过数十年的实验及临床研究,很难找出事故频发者的稳定的个人特性。换言之,许多人发生事故是由于他们行为的某种瞬时特征引起的。

(3)根据事故频发倾向理论,防止事故的重要措施是人员选择。但是许多研究表明,把事故发生次数多的工人调离后,企业的事故发生率并没有降低。例如,韦勒(waller)对司机的调查,伯纳基(Bernacki)对铁路调车员的调查,都证实了调离或解雇发生事故多的工人,并没有减少伤亡事故发生率。

其实,工业生产中的许多操作对操作者的素质都有一定的要求,或者说,人员有一定的职业适合性。当人员的素质不符合生产操作要求时,人在生产操作中就会发生失误或不安全行为,从而导致事故发生。危险性较高的、重要的操作,对人的素质要求较高。例如,特种作业的场合,操作者要经过专门的培训、严格的考核,获得特种作业资格后才能从事。因此,事故频发倾向论把工业事故的原因归因于少数事故频发倾向者的观点是错误的;然而从职业适合性的角度来看,关于事故频发倾向的认识也有一定可取之处。

(二)事故遭遇倾向理论

格林伍德和伍兹等认为事故是由事故引发者的个人特质(事故易发倾向)引起的,这个结论遭到多方面的质疑,后来明兹(Mintz)和布卢姆(Blum)重新提出了事故致因链,即事故遭遇倾向理论。

事故遭遇倾向论是阐述企业工人中某些人员在某些生产作业条件下存在着容易发生事故倾向的一种理论。许多研究结果表明,前后不同时期里事故发生次数的相关系数与作业条件有关。例如,罗奇(Roche)发现,工厂规模不同,生产作业条件也不同,大工厂的拟合相关系数在 0.6 左右,小工厂则或高或低,表现出劳动条件的影响。高勃(P. W. Gobb)考察了 6 年和 12 年间 2 个时期事故频发倾向的稳定性,结果发现前后 2 段时间内事故发生次数的相关系数与职业有关,变化在 -0.08 ~ 0.72 的范围之内。当从事规则的、重复性作业时,事故频发倾向较为明显。

明兹和布卢姆建议用事故遭遇倾向理论取代事故频发倾向理论的概念,认为事故的发生不仅与个人因素有关,而且与生产条件有关。根据这一见解,克尔调查了53个电子工厂中40项个人因素及生产作业条件因素与事故发生频度和伤害严重度之间的关系,发现影响事故发生频度的主要因素有搬运距离短、噪声严重、临时工多、工人自觉性差等;与事故后果严重度有关的主要因素是工人的"男子汉"作风,其次是缺乏自觉性、缺乏指导、老年职工多、不连续出勤等,这证明事故发生情况与生产作业条件有着密切关系。米勒等人的研究表明,对于一些危险性高的职业,工人要有一个适应期,此期间内新工人容易发生事故,证明事故的发生与工作经验有关。实际上,事故遭遇倾向就是事故频发理论的修正。

事故遭遇理论的出现,使得人们逐渐把安全生产工作重点从加强工人管理转移到改善生产作业条件上。虽然他们在事故致因链中加入了工作条件和经验技能,但其研究还是仅限于事故引发者个人特质这个层面,而且工作条件、经验技能也很难描述,难以量化它们发展到哪个状态会导致事故的发生,所以事故遭遇理论也不是对事故原因的系统认识,很难用于事故预防。

### (三)海因里希因果连锁理论

20世纪20~30年代,美国最著名的安全工程师海因里希(W. H. Heinrich))把当时英国工业安全实际经验总结、概括,上升为理论(即因果连锁理论,也称多米诺骨牌理论),提出了所谓的"工业安全公理",出版了流传全世界的《工业事故预防》一书。在这本书中,海因里希阐述了工业事故发生的因果连锁论,这是最早提出的事故因果连锁的概念,以事故因果连锁模型来表述对事故发生机理的认识。他认为,事故的发生不是一个孤立的事件,而是一系列互为因果的原因事件相继发生的结果。在事故因果连锁理论中,以事故为中心,事故的原因可概括为3个层次:直接原因、间接原因、基本原因。

海因里希提出的事故因果连锁过程包括5种因素,如图3-1所示。

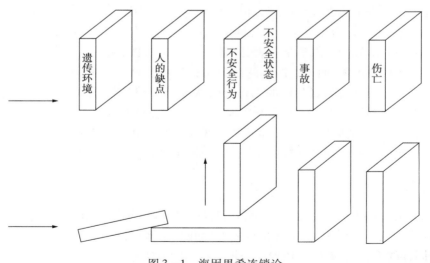

图3-1 海因里希连锁论

第一,遗传及社会环境(M)。遗传及社会环境是造成人的缺点的原因。遗传因素可能使人具有鲁莽、固执、粗心等对于安全来说属于不良的性格;社会环境可能妨碍人的安全素质培

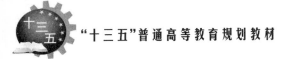

养,助长不良性格的发展。这种因素是因果链上最基本的因素。

第二,人的缺点(P)。人的缺点是由遗传和社会环境因素所造成的。它是使人产生不安全行为或造成物的不安全状态的原因。这些缺点既包括诸如鲁莽、固执、易过激、神经质、轻率等性格上的先天缺陷,也包括诸如缺乏安全生产知识和技能等的后天不足。

第三,人的不安全行为或物的不安全状态(H)。这两者是造成事故的直接原因。海因里希认为,人的不安全行为是由于人的缺点而产生的,是造成事故的主要原因。

第四,事故(D)。事故是一种由于物体、物质或放射线等对人体发生作用,使人员受到或可能受到伤害的、出乎意料的、失去控制的事件。

第五,伤害(A)。伤害是指直接由事故产生的人身伤害。

上述事故因果连锁关系,可以用 5 块多米诺骨牌来形象地加以描述。如果第一块骨牌倒下(即第一个原因出现),则发生连锁反应,后面的骨牌相继被碰倒(相继发生)。

该理论的积极意义在于:①把事故的一系列原因和后果连接起来,形成了完整的事故致因链,使人们有了一个事故预防的路线;②明确区分出了事故的两个直接原因,并给出了这两个直接原因导致的事故的数量比例,可供制定事故预防的策略参考;③给出了一部分事故预防办法,即消除不安全动作和不安全状态这两个导致事故的直接原因。

该理论的缺点是:①把事故的间接原因归为人的缺点,而这个缺点又来自人的遗传、血统因素和成长的社会环境因素,这些因素都是不能改变的,所以根据海因里希事故致因链可顺次推导出"事故是不能预防的"这个错误结论。这与很多组织都在使用的"一切事故都是可以预防"的"零事故"理念严重不符,同时会影响人们对预防事故的积极性、工作态度和效果。②海因里希提出的通过消除人的不安全动作、物的不安全状态来预防事故,并不十分有效,在很多时候靠直接原因预防事故是来不及的,原因是在发现不安全动作和不安全状态时,事故往往已经不可避免了。由此可见,海因里希提出的事故预防办法不是绝对有效的,而且海因里希提出的导致事故的间接原因、根本原因都难于改变,所以根据海因里希事故致因链,事故预防将会非常困难,这说明他提出的事故致因链有很大的缺欠。③海因里希提出的事故致因链没有建立起与安全相关的个人行为和组织行为之间的关系,事故责任落在了工人一方。根据图 3 - 1的事故致因链可知,事故的原因都是事故引发者的原因造成的,从其不安全动作一直到其遗传血统、成长的社会环境因素,而与其所在的组织无关。对于职业事故,则演变为事故的发生与其所在的组织无关。此时,尽管各国的工伤补偿法规定"无过错补偿",但会产生各种责任纠纷,工人及工会组织维护工人权利时会产生困难,企业会轻视事故预防职责。这也是海因里希提出的事故致因链带来的问题。④从海因里希事故致因链可以知道,事故的后果是伤害。其实,伤害只是事故损失的一种,还应该有财产损失和环境破坏,这些海因里希没有提及。

### (四)高登的事故致因链

1949 年,高登(Gorden)论述了流行病病因与事故致因之间的相似性,提出了"用于事故的流行病学方法"理论。高登认为,工伤事故的发生和易感性可以用与结核病、小儿麻痹症等的发生和感染同样的方式去理解,可以参照分析流行病的方法分析事故。

流行病因有 3 种。

(1)当事人(病人)的特征,如年龄、性别、心理状况、免疫能力等。

(2)环境特征,如温度、湿度、季节、社区卫生状况、防疫措施等。

（3）致病媒介特征,如病毒、细菌、支原体等。

这3种因素的相互作用,可以导致疾病的发生。与此相类似,对于事故,一要考虑人的因素,二要考虑作业环境因素,三要考虑引起事故的媒介。据此,可画出多因素事故致因链图,如图3-2所示。图3-2虽然使事故致因链的研究内容有了较大的扩展,但它仍然是事故"浅显"原因的简单组合。在寻找事故原因时需要进行大量的事故统计分析,再逐个消除。由于有些事故原因过于分散,统计样本常常不够全面,难以得到准确结果,虽可应用与事故预防和处理,但并不很有效,如果样本数量很少则工作量巨大。例如,2003年发生的"非典",由于疾病的发生与多种因素有关,如饮食、接触的人群和周围的环境等,研究人员在进行大量分析后仍未找到关键致病因素。

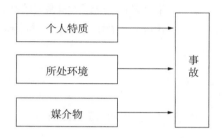

图3-2　多因素的事故致因链

## （五）哈登的事故致因链

1961年,吉布森(Gibson)提出:事故是不正常的或不期望的能量释放的结果。1966年,哈登(Haddon)引申了上述观点并提出人受伤害的原因只能是某种能量的转移,并提出了能量逆流于人体造成伤害的分类方法。第一类伤害是由于施加了超过局部或全身性的损伤预知的能量而产生的,如机械伤害、烧伤等。第二类伤害是由于影响了局部或全身性能量交换引起的,如由机械因素或化学因素引起的窒息(常见的有溺水、一氧化碳中毒和氰化氢中毒等)。该理论的原理如图3-3所示。

图3-3　物理层面的事故致因链

这个事故致因链和前面的不同,它不是从事故引发者个人特质层面来描述事故原因,而是从物理层面描述事故原因,但仍然没有阐明物理层面原因的广泛来源因素,所以仍然是一个单链条的古典事故致因链。根据这个事故致因链,实用中可以采取增加物理屏障的工程技术方法来屏蔽能量和物质的不正常传递,达到预防事故的目的。哈登曾经设计路侧屏障来减少车祸事故。哈登关于事故原因的研究结论的缺点是没有揭示物理层面问题的广泛来源因素,使得预防事故的手段不够综合。由于意外转移的机械能(动能和势能)是造成工业伤害的主要能量形式,这就使按能量转移观点对伤亡事故进行统计分析的方法尽管具有理论上的优越性,然而在实际应用中却存在困难,尚需对机械能的分类作更加深入细致的研究,以便对机械能造成的伤害进行分类。

## 三、近代事故致因链

### (一)威格尔斯沃思事故致因链

1972年,威格斯沃思(Wigglesworth)从教育的角度提出事故致因链,如图3-4所示。他认为,人由于缺乏知识和教育会产生过错(其实也是不安全动作和不安全状态),过错会导致事故。而这种过错是管理安排的结果,事故引发者个人是不应该受到责备的。同时他指出,加强教育培训可以减少事故的发生。威格斯沃思的事故致因链中的间接原因是知识缺乏,根本原因是缺乏教育管理安排,这两者也反映出了事故引发者个人的特质原因,但相比之前的事故致因链已经有了很大的进步。

图3-4　多因素的事故致因链

### (二)博德的事故致因链

在海因里希的事故因果连锁中,把遗传和社会环境看做事故的根本原因,表现出了它的时代局限性。虽然遗传因素和人员成长的社会环境对人员的行为有一定的影响,但却不是影响人员行为的主要因素。在企业中,如果管理者能够充分发挥管理机能中的控制机能,则可以有效地控制人的不安全行为、物的不安全状态。

博德(Frank Bird)在海因里希事故因果连锁的基础上,提出了反映现代安全观点的事故因果连锁,如图3-5所示。博德的事故因果连锁过程同样为5个因素,但每个因素的含义与海因里希的都有所不同。

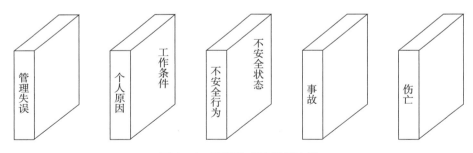

图3-5　博德的事故因果连锁

#### 1. 本质原因——管理缺陷

事故因果连锁中一个最重要的因素是安全管理。安全管理人员应该充分理解,他们的工作要以得到广泛承认的企业管理原则为基础。即安全管理者应该懂得管理的基本理论和原则。控制是管理机能(计划、组织、指导、协调及控制)中的一种机能。安全管理中的控制是指损失控制,包括对人的不安全行为、物的不安全状态的控制,它是安全管理工作的核心。

大多数正在生产的工业企业中,由于各种原因,完全依靠工程技术上的改进来预防事故既不经济也不现实。通过专门的安全管理工作,经过较长时间的努力,才能防止事故的发生。管理者必须认识到,只要生产没有实现本质安全化,就有发生事故及伤害的可能性,因而他们的安全活动中必须包含有针对事故连锁中所有要因的控制对策。

管理系统是随着生产的发展而不断变化、完善的,十全十美的管理系统并不存在。由于管理上的缺欠,因此使得能够导致事故的基本原因出现。

**2. 基本原因——个人及工作条件原因**

为了从根本上预防事故,必须查明事故的基本原因,并针对查明的基本原因采取对策。

基本原因包括个人原因及与工作条件有关的原因,这方面的原因是由于管理缺陷造成的。个人原因包括缺乏知识或技能、动机不正确、身体上或精神上的问题。工作条件方面的原因包括操作规程、设备、材料不合格,通常的磨损及异常的使用方法等,以及温度、压力、湿度、粉尘、有毒有害气体、蒸汽、通风、噪声、照明、周围的状况(容易滑倒的地面、障碍物、不可靠的支持物、有危险的物体)等环境因素。只有找出这些基本原因,才能有效地防止后续原因的发生,从而控制事故的发生。

**3. 直接原因——不安全行为和不安全状态**

人的不安全行为或物的不安全状态是事故的直接原因。这一直是最重要的、必须加以追究的原因。但是,直接原因不过是像基本原因那样的深层原因的征兆,一种表面的现象。在实际工作中,如果只抓住了作为表面现象的直接原因而不追究其背后隐藏的深层原因,就永远不能从根本上杜绝事故的发生。另一方面,安全管理应该能够预测及发现这些作为管理欠缺的征兆的直接原因,采取恰当的改善措施;同时,为了采取控制对策,消除事故,必须努力找出其基本原因。

**4. 事故**

从实用的目的出发,人们往往把事故定义为最终导致人员身体损伤、死亡,财物损失的,不希望的事件。但是,越来越多的安全专业人员从能量的观点把事故看做是人的身体或构筑物、设备与超过其阈值的能量的接触,或人体与妨碍正常生理活动的物质的接触。于是,防止事故就是防止接触。为了防止接触,可以通过改进装置、材料及设施防止能量释放,通过训练提高工人识别危险的能力、佩戴个人保护用品等来实现。

**5. 损失**

人员伤害及财物损坏统称为损失。博德的模型中的人员伤害,包括了工伤、职业病,以及对人员精神方面、神经方面或全身性的不利影响。在许多情况下,可以采取恰当的措施使事故造成的损失最大限度地减少。例如,对受伤人员的迅速抢救,对设备进行抢修以及平时对人员进行应急训练等。

当然,博德没有把"管理"一词结构化、具体化,且没有阐明管理(活动)究竟包括哪些内容。常听到一些管理人员说管理不到位、安全监管不到位,实际上都不确切知道是哪里"不到位"才导致了事故的发生,对事故原因,事实上没有明确阐述。

## 四、现代事故致因链

现代事故致因链主要是把近代事故致因链中事故的根本原因——管理因素具体化为几类因素,并具体阐明基本原因,为事故预防实践操作提供了良好的途径。

（一）斯图尔特的事故致因链

斯图尔特在 2011 年发表的文章中,首先将安全管理分为两个层面,第一层是管理层及其言行投入(management vision and commitment),第二层由组织各个部门对安全工作的负责程度、员工参与和培训状况、硬件设施、安全专业人员的工作质量 4 个方面组成。图 3 - 6 中安全管理的两个层面的内容就是事故的管理原因和基本原因。从预防事故的角度来说,这两个层面是安全工作的基础和推动力。这个事故致因链不但考虑了事故的直接原因,而且比较具体地给出了间接原因和根本原因。

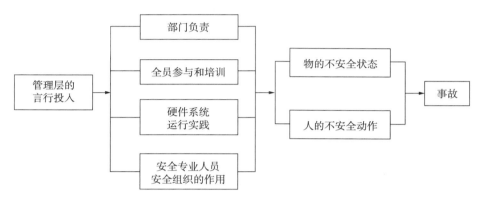

图 3 - 6　斯图尔特事故致因链

斯图尔特的事故致因链把管理原因基本上归结为管理层的思想与活动,认为这是导致事故的根本原因,也是安全业绩产生的源泉,而把中层部门和设备归结为导致事故的间接原因和安全业绩的推动力。这个事故致因链的根本原因、间接原因依然不够具体,还需要进一步具体化。

（二）行为安全"2 - 4"模型

在海因里希、斯图尔特的事故致因链的基础上,傅贵及其课题组提出了行为安全"2 - 4"模型(图 3 - 7),这也是一个现代事故致因链。链中事故的直接原因仍然是海因里希提出的事故引发者的不安全动作和物的不安全状态,但是把斯图尔特事故致因链中的事故的间接原因通过大量的案例分析后具体化为事故引发者的安全知识不足、安全意识不高和安全习惯不佳;把事故的根本原因具体化为事故引发者所在组织的安全管理体系缺欠;把事故的根源原因具体化为事故引发者所在组织的安全文化欠缺。安全管理体系指的是安全管理方案,可以是按照管理体系标准(如 OHSAS 18000)建立的,也可以不按照管理体系标准建立而自然形成的,包含体系文件和运行过程;安全文化则是从根本原因分解出来的、指导安全管理体系形成的指导思想。在这个事故致因链中,把事故的主要直接原因(不安全动作)看做事故引发者个人的一次性行为,把事故的间接原因(安全习惯、安全知识、安全意识)一起看做事故引发者所在组织的组织行为,这样根据组织行为学原理和瑞森(Reason)的观点,就可以把这个事故致因链描述为事故引发者的"一次性行为来自习惯性行为,习惯性行为来自其所在组织安全管理体系的运行行为,运行行为为其组织的安全文化指导行为所导向"。至此,行为安全"2 - 4"模型这个现代事故致因链就建立起来了。

从图3－7还可以看出,事故的发生是组织和个人两个层面上的指导、运行、习惯性、一次性4个阶段的行为发展的结果,因此,该模型叫做行为安全"2－4"模型。

行为安全"2－4"模型具有以下优点:

(1)行为安全"2－4"模型的各个组成部分与海因里希的骨牌理论是对应的,容易观察。

(2)间接原因、根本原因、根源原因都很具体,并建立了事故的根本原因与安全管理体系、根源原因与安全文化之间的对等关系,使人们看到了管理体系、安全文化的具体作用。

(3)建立了个人行为(安全知识、安全意识、安全习惯以及由它们产生的个人不安全动作)和组织行为(安全管理体系)之间的关系。由此可以看出,事故的根本原因在于组织错误。这与人们一般认同的"二八定律"相吻合,即组织能80%地主宰事故的发生与否,而个人的控制能力只占20%。

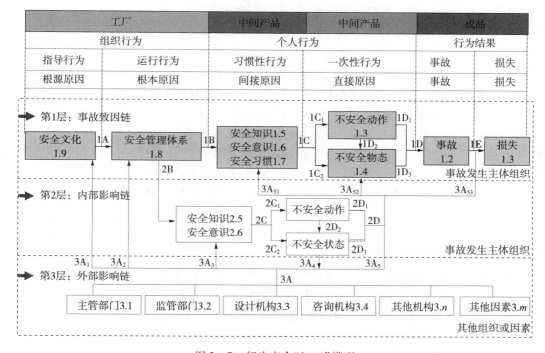

图3－7  行为安全"2－4"模型

(4)表达了行为安全方法的有效性。从行为安全"2－4"模型中可以看到行为安全方法的有效性。行为安全方法是20世纪80年代发展于美国、至今流行于欧美的一种安全方法,在文化、组织、个人习惯、个人动作4个层面上解决人的不安全行为,以减少不安全动作,最终减少事故的发生,效果非常明显,因而受到世界各国企业(如杜邦公司)、学术界和政府的推崇。但行为安全方法进入我国的时间不长,有时会被片面地理解为人的不安全动作控制,由于解决动作的方法目前仅限于安全检查、现场监督等,效果很有限,于是常常误认为行为安全方法本身是无效的,影响了行为安全方法在国内的广泛应用,也没有使这种很有效的事故预防方法产生良好的事故预防效果。根据行为安全"2－4"模型,人们可以形象地全面理解行为安全方法的作用原理和路线,有助于它的推广,显著提高企业事故预防效果。

(5)给出了事故分析方法路线、事故分析结果、事故责任划分和事故预防的具体方法。事故分析按组织进行,从事故开始,向后找到事故造成的生命健康方面的损失、财产损失和环境破坏,向前找到事故的直接原因、间接原因、根本原因和根源原因。而且模型中的每个事故原因都可以用实际方法加以解决,因此该模型具有可操作性,这是与 Reason 于 2000 年提出、2008 年完善的事故致因模型相比得到的最大特点。

(6)给出了事故责任划分的方法。①事故的直接责任者,可以将其定义为距离事故发生最近的不安全动作和不安全状态的制造者;②事故的间接责任者,即造成事故引发行为链上事故引发者安全知识、意识和习惯缺乏者;③主要责任者,即造成管理体系、安全文化不完善的管理团队成员。事故预防的方法则是从改善管理体系、安全文化欠缺开始,再加上改善安全习惯性行为和一次性行为的方法。在事故发生后还可以采取应急(实质上也是一种预防)措施减少事故的损失。

(7)模型的理论根据是组织行为学原理,比较严密。

行为安全"2-4"模型的上述优点,大多数是海因里希事故致因链的缺点。

## 五、事故归因论

事故致因链是预防事故基本路线的理论基础。事故归因理论是对事故的原因(主要是直接原因)进行分类,为事故预防具体策略的制定提供理论基础。

海因里希在其古典事故致因链中,把事故的直接原因归结为人的不安全动作和物的不安全状态。他提出事故致因链后,对这两个直接原因的重要性进行了研究。在统计分析了美国的 7.5 万起伤害事故的原因后得到了重要结论:88% 的事故是由人的不安全动作引起的,10% 的事故是由物的不安全状态引起的,另外 2% 的事故因随机性太强,而不易归类(当时由于历史的局限,他认为是"上帝"的旨意)。对上述分类方法进行简单归纳就是,在事故的原因类别上存在"二八定律",即大约 80% 的事故由人的不安全动作所引起,大约 20% 的事故由物的不安全状态所引起。

后来,人们将上述重要结论称为事故归因论,这一观点非常重要,它表明预防事故必须采取综合策略,既要解决人的动作问题,也就是既需要(狭义的)管理策略,即行为和动作控制,也需要工程技术策略解决物的问题。可以说,它是安全学科最重要的理论基础之一。

## 六、安全累积原理

安全累积原理(也被称为事故三角形理论、海因里希法则等)是研究损失量不同即严重程度不同的事故类别之间的关系。海因里希在调查了 5000 多起伤害事件后发现,大约在 330 起事件中,有 29 次造成了人员的轻伤,有 1 次造成了人员的重伤,这些伤害事件发生之前,可能已经存在或者发生了数量庞大的不安全动作和不安全状态,即严重伤害、轻微伤害或没有伤害的事件数之比为 1:29:300,这就是著名的安全累积原理,也是海因里希法则(海因里希事故三角形理论),如图 3-8 所示。在实际统计中,这个比例的具体数值可能发生变化,但是比例大致会维持不变。上述只是一个比例关系,并不是说一起重伤发生之前一定要发生 300 次无伤害事件或者 29 次轻伤。重伤也有可能在第一个事件时就发生。需要注意的是,海因里希在这里把每个人经历一次(可能没有受伤,也可能受轻伤、重伤或者死亡)的事件叫做一个事件,多人同时经历一次的事件,有多少人就是多少个事件。当然,图 3-8 所示的海因里希事故三角形也可以按照通常的事故次数来理解。描述安全累积原理的事故三角形可以有不同的画法,但表达的含义都是一样的。

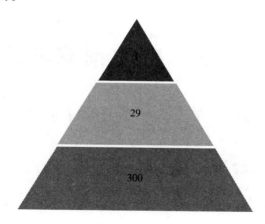

图 3 – 8　事故三角形

安全累积原理告诉人们,要消除 1 次死亡重伤事故以及 29 次轻伤事故,必须首先消除 300 次无伤事故。也就是说,防止灾害的关键,不在于防止伤害,而是要从根本上防止事故。所以,安全工作必须从基础抓起,如果基础安全工作做的不好,小事故不断,就很难避免大事故的发生。

1:29:300 只是一个比例关系,在实际统计中,这个比例的具体数值可能发生变化,但是比例大致会维持不变。例如,有人研究煤矿事故的事故法则,得出结论是:

对于采煤工作面所发生的顶板事故,其事故法则为:

死亡: 重伤: 轻伤: 无伤 = 1: 12: 200: 400

对于全部煤矿事故,事故法则为:

死亡: 重伤: 轻伤 = 1: 10: 300

海因里希三角形理论揭示了事故的严重度和事故发生的次数或者频率之间的关系,其含义是,如果轻微事故(尚未造成任何损失的违章现象)的发生频率很大,次数达到一定数量,造成严重损失的重特大事故可能就无法避免了。所以,严重事故是轻微事故、日常管理欠缺累积的结果。事实上,海因里希的事故三角形是人生普通哲理在安全科学中的具体体现,在日常生活中能发现很多这样的实例。

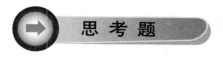

思 考 题

1. 事故的定义是什么?

2. 按照人员伤亡和直接经济损失把事故分为哪 4 个等级?

3. 事故的主要影响因素有哪些?

4. 事故的基本特征有哪些?

5. 什么是事故致因理论?

6. 什么是行为安全"2 – 4"模型?

# 第四章 事故预测理论

## 第一节 事故预测概述

### 一、事故预测的概念及分类

（一）事故预测的概念

事故预测是运用各种知识和科学手段，分析、研究历史资料，对安全生产发展的趋势或可能的结果进行事先的推测和估计。也就是说，预测是从过去和现在已知的情况出发，利用一定的方法或技术去探索或模拟未出现的或复杂的中间过程，推断出未来的结果。

（二）事故预测的分类

事故预测按照预测对象范围和预测时间长短可以有不同的种类划分方法。

**1. 按照预测对象范围的划分法**

按照预测对象范围的不同，事故预测划分如下：

（1）宏观预测

所谓宏观预测是指对整个行业、一个省区、一个局（企业）的安全状况的预测。

（2）微观预测

所谓微观预测是指对一个厂（矿）的生产系统或对其子系统的安全状况的预测。

**2. 按照预测时间长短的划分法**

按照预测时间长短的不同，事故预测划分如下：

（1）长（远）期预测

长（远）期预测是指对5年以上的安全状况的预测。它为安全管理方面的重大决策提供了科学依据。

（2）中期预测

中期预测是指对1年以上5年以下的安全生产发展前景进行的预测。它是制定5年计划和任务的依据。

（3）短期预测

短期预测是指对1年以内的过去状态的预测。它是年度计划、季度计划以及规定短期发展认为的依据。

### 二、事故预测原理及其过程

（一）事故预测的原理

事故的发生往往具有随机性，而且导致事故的原因往往潜伏着多种复杂因素，这就给预测带来了很大的难度,一般来说,事故预测可以遵循以下基本原理。

**1.可知性原理**

根据科学试验和事故经验,人们可以获得关于预测对象发展规律的感性和理性认识,从中发现导致事故的影响因素,通过总结它的过去和现在来推测未来的变化趋势和可能出现的危害,这是一切预测活动的基础。

**2.连续性原理**

预测对象的发展是连续的过程。现在的安全状态是过去状态的演变结果,未来的安全状态是现在安全状态的演化。对于同一个事物,可以根据事物发展的惯性,来推断未来的发展趋势,这是预测中的时序变化预测法的理论基础。

**3.可类推原理**

预测的事件必然是具有某种结构的,如果已经知道两个不同事件之间的相互制约关系有着共同的发展规律,则可利用一个事件的发展规律来类推另一个事件的发展趋势,这是预测中因果关系预测法的理论基础。

（二）事故预测的过程

预测由预测目标、预测信息、预测模型和预测结果 4 个部分组成。根据预测对象的不同,预测程度也不一样。预测过程如图 4－1 所示。

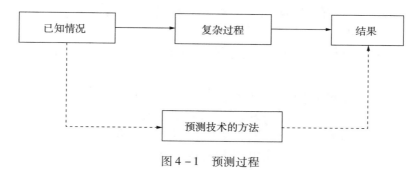

图 4－1　预测过程

（1）确定目标

对于事故预测,预测的目标是为了探求事故发生的趋势和内在的规律,以便分析出未来事故发生的可能性,提前采取安全对策,做出预防工作,使事故的风险控制在可接受的水平。在明确事故预测的目标之后,就可以确定收集什么资料。除此之外还要根据预测对象、预测期限,明确预测的性质和内容,组织预测人员,做好搜集资料的工作。

（2）收集信息

准确而全面的信息收集是预测的基础,它直接影响预测结果的精确性。需要收集的信息不但要有预测对象的现状信息,而且要有历史信息以及相关信息。其中反映事物发展的历史数据,例如 1995—2007 年某城市发生的火灾次数的历史统计资料,称为纵向统计资料（也称作时间序列数据）;而某一特定时间内对于同一预测对象所需的各种相关的统计资料,例如 2007 年我国各大城市发生火灾的次数,称为横向统计资料（也称为截面数据）。对于收集到的信息,还需要注意观察,在处理数据时要进行客观而全面的分析,对已掌握的资料也要进行周密的检查和筛选,使资料、数据的误差降低到预测所允许的范围之内。

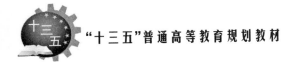

（3）构建模型

建模首先要选择预测方法，然后再设计预测模型，进行预测。据不完全统计，现有的各类预测方法达300种之多，预测方法的选取应根据预测对象、信息资料、预测目标等来确定，预测方法的确定是一个渐进的过程，也是最关键的环节。基于确定的预测方法建立起多参数的预测模型，通过对信息数据的处理，来选取和识别模型参数，再通过推理判断，揭示出事故发生的内在规律性。在预测的结构模型中，不同参数决定了模型的性质。预测的实质就在于把所获得的数据资料输入到预测模型中，确定参数的取值，然后通过运算和分析，求出初步的预测结果。在事故预测中，根据预测值和历史事件的比对，预测检验是必要的，甚至还必须对预测模型进行修正和对误差原因进行分析。

（4）输出结果

预测结果就是在预测分析的基础上最后提出的事物发展的趋势、程度、特点以及各种可能性结论。对于事故预测，通过对结果的鉴定来考察预测的实际意义，找出预测与现实之间的误差大小。根据预测结果，实行动态跟踪，及时制定可能发生的事故的防范措施。

## （三）事故预测方法概述

### 1. 预测分析方法

预测分析是预测的重要组成部分。它是建立在调查研究或科学实验基础上的科学分析。对于任何事物，如果只有情况和数据，没有科学的分析，就不能揭示事物演变的规律及其发展的趋势，也就不能有预测。

预测分析包括定性分析、定量分析、定时分析、定比分析以及对预测结果的评价分析等。

（1）定性分析

定性就是确定预测事物未来的发展性质。凡对缺乏定量数据或难以用数字表示的事物或状态，多采用此法。如政治经济发展形势、社会心理、产品品种、花色、款式、包装装潢、学术活动规律等。定性分析是依靠个人经验、判断能力和直观材料，确定事物发展性质和趋势的一种方法，它也可以与定量分析结合起来应用，借以提高预测的可信程度。

（2）定量分析

定量分析就是根据已掌握的大量信息资料，运用统计和数学的方法，进行数量计算或图解，来推断事物发展趋势及其程度的一种方法。定量，定的是影响因素量。因素量是指对预测目标（$y$）的影响因素（$z$）的量。研究因素影响（$z$）与预测目标（$y$）之间的因果关系及影响程度，可用函数 $y = f(x)$ 来表示。

（3）定时分析

定时分析是对预测对象随时间变化情况的分析。定时，定的是时间影响量。即时间（$t$）对预测目标（$y$）的影响量。研究预测目标（$y$）与时间（$t$）之间的关系，包括时间序列的发展趋势、季节变化、周期变化和不规则变化等。通过对预测对象随时间变化情况的分析，预测未来事物的发展进程，可用函数 $y = f(t)$ 来表示。

（4）定比分析

定比，定的是结构比例量。比例量是指不同经济事务之间相互影响的比例（或结构量）。如国民经济各部门之间的比例、消费与积累之间的比例、消费品结构比例、商品库存比例等。定比分析是用定比方法来研究和选择事物未来发展的结构关系。

（5）评价分析

在对预测目标进行了定性、定量、定时、定比等项分析预测之后，还必须对预测结果进行评价，即对预测结果可能产生的误差运用一定的科学方法进行计算，对预测结果实现的可能性做出估计，借以判断预测结果的准确程度。

预测分析方法现代化、科学化的要求包括：定性分析数量化、定量分析模型化、模型分析计算机化等。

**2. 事故预测方法分类**

事故的预测方法有 150 种以上，常用的也有 20～30 种，主要预测方法及分类如下：

（1）经验推断预测法

经验推断法包括：德尔菲法、头脑风暴法、主观概率法、试验预测法、相关树法、形态分析法、未来脚本法等。

（2）时间序列预测法

时间序列预测法包括：滑动平均法、指数滑动平均法、周期变动分析法、线性趋势分析法、非线性趋势分析法等。

（3）计量模型预测法

计量模型预测法包括：回归分析法、马尔柯夫链预测法、灰色预测法、投入产出分析法、宏观经济模型等。

# 第二节　事故预测方法

## 一、德尔菲法

德尔菲（Delphi）是古希腊地名。相传在德尔菲有座阿波罗神殿，是一个预卜未来的神谕之地，于是人们就借用此名，作为这种方法的名字。

德尔菲预测法是根据专家的直接经验，对研究的问题进行判断、预测的一种方法，也称专家调查法。德尔菲法最早出现于 20 世纪 50 年代末，是当时美国为了预测在其"遭受原子弹轰炸后，可能出现的结果"而发明的一种方法。1964 年美国兰德（RAND）公司的赫尔默（Helmer）和戈登（Gordon）发表了"长远预测研究报告"，首次将德尔菲法用于技术预测中，以后德尔菲法便迅速地应用于美国和其他国家。除了科技领域之外，它还几乎可以用于任何领域的预测，如军事预测、人口预测、医疗保健预测、经营和需求预测、教育预测等。此外，还可用来进行评价、决策和规划工作，并且在长远规划者和决策者心目中有很高的威望。上世纪 80 年代以来，我国不少单位也采用德尔菲法进行了预测、决策分析和编制规划工作。

### （一）德尔菲法的一般预测程序

德尔菲预测法的实质是利用专家的知识、经验、智慧等无法数量化而带来很大模糊性的信息，通过通信的方式进行信息交换，逐步取得较一致的意见，达到预测的目的。

德尔菲预测法的基本步骤如下：

第一步：提出要求，明确预测目标，用书面通知被选定的专家、专门人员。专家一般指掌握某一特定领域知识和技能的人。要求每一位专家讲明有什么特别资料可用来分析这些问题以及这些资料的使用方法。同时,也向专家提供有关资料,并请专家提出进一步需要哪些资料。

第二步:专家接到通知后,根据自己的知识和经验,对所预测事物的未来发展趋势提出自己的预测,并说明其依据和理由,书面答复主持预测的单位。

第三步:主持预测单位或领导小组根据专家的预测意见,加以归纳整理,对不同的预测值,分别说明预测值的依据和理由(根据专家意见,但不注明哪个专家的意见),然后再寄给各位专家,要求专家修改自己原有的预测,并提出还有什么要求。

第四步:专家等人接到第二次通知后,就各种预测意见及其依据和理由进行分析,再次进行预测,提出自己修改的预测意见及其依据和理由。如此反复征询、归纳、修改,直到意见基本一致为止。修改的次数,根据需要决定。

### (二)德尔菲法的特点

德尔菲法是一个可控制的组织集体思想交流的过程,使得由各个方面的专家组成的集体能作为一个整体来解答某个复杂问题。它有如下特点:

(1)匿名性。德尔菲法采用匿名函询的方式征求意见。由于专家是背靠背提出各自的意见的,因而可免除心理干扰影响。把专家看成相当于一架电子计算机,脑子里储存着许多数据资料,通过分析、判断和计算,可以确定比较理想的预测值。而专家可以参考前一轮的预测结果以修改自己的意见,由于匿名而无需担心有损于自己的威望。

(2)反馈性。德尔菲法在预测过程中,要进行3~4轮征询专家意见。预测主持单位对每一轮的预测结果作出统计、汇总,提供有关专家的论证依据和资料作为反馈材料发给每一位专家,供下一轮预测时参考。由于每一轮之间的反馈和信息沟通,可进行比较分析,因而能达到相互启发,提高预测准确度的目的。

(3)统计性。为了科学地综合专家们的预测意见和定量表示预测结果,德尔菲法对各位专家的估计或预测数进行统计,然后采用平均数或中位数统计出量化结果。

### (三)运用德尔菲法预测时应遵循的原则

运用德尔菲法预测时需要遵循以下原则:

(1)专家代表面应广泛,人数要适当。通常应包括技术专家、管理专家、情报专家和高层决策人员。人数不宜过多,一般在20~50人为宜,小型预测人数8~20人,大型预测人数可达100人左右。

(2)要求专家总体的权威程度较高,而且要有严格的专家推荐与审定程序。

(3)问题要集中,要有针对性,不要过分分散,以便使各个事件构成一个有机整体。问题要按等级排队,先简单,后复杂;先综合,后局部。这样易于引起专家回答问题的兴趣。

(4)调查单位或领导小组意见不应强加于调查的意见之中,要防止出现诱导现象,避免专家的评价向领导小组靠拢。

(5)避免组合事件。如果一个事件包括两个方面,一方面是专家同意的,另一方面则是不同意的,这样,专家就难以作出回答。

### (四)德尔菲法的优缺点

#### 1. 优点

(1)可以加快预测速度和节约预测费用。

（2）可以获得各种不同但有价值的观点和意见。

**2. 缺点**

（1）责任比较分散。

（2）专家的意见有时可能不完整或不切合实际。

## 二、时间序列预测法

时间序列其实就是一组按照时间的先后顺序排列的统计数据。时间序列法是预测时序数据最基本的方法，一般专指通过研究序列中的前后数据的相关性来进行预测的方法。例如，在事故预测的领域中，大量应用的指数平滑法（exponential smoothing）。

指数平滑最先由 Robert. G. Brown 于 20 世纪 50 年代提出。这种方法很早就被用于预测中，但早期仅被当作一种对不同类型的单变量时间序列的外推技术。因为其预测操作简便易行，得到很广泛的应用。

### （一）移动平均法

平滑之意，就是通过某种平均方式，消除历史统计序列中的随机波动，找出其中的主要发展趋势。而指数平滑法是建立在加权平均法基础之上的，也是移动平均法的改进。

**1. 简单移动平均法**

给定时间序列 $t$ 期的资料 $Y_1, Y_2, \cdots, Y_t$，$M_t$ 为移动的平均数，$\hat{Y}_{t+1}$ 表示第 $t+1$ 期的预测值，$N$ 为每次移动平均包含的观察值个数，$N < t$，则简单移动平均的基本计算公式为：

$$\hat{Y}_{t+1} = M_t = \frac{Y_t + Y_{t-1} + \cdots + Y_{t-N+1}}{N} \qquad (4-1)$$

当 $N$ 较大时，计算简单移动平均值可采用递推公式来减少计算量：

$$M_t = M_{t-1} + \frac{Y_t - Y_{t-N}}{N} \qquad (4-2)$$

简单移动平均法只适合作近期预测。

**2. 加权移动平均法**

根据各时期数据的重要程度，对各期数据配以不同的权数所作的平均计算：

$$\hat{Y}_{t+1} = M_t = \omega_1 Y_t + \omega_2 Y_{t-1} + \cdots \omega_N Y_{t-N+1} = \sum_{i=1}^{N} \omega_i Y_{t-(i-1)} \qquad (4-3)$$

其中，$\omega_i > 0, \omega_1 + \omega_2 + \cdots + \omega_N = 1$。

### （二）指数平滑法

移动平均法有两个不足之处。首先，它每计算一次移动平均值必须储存最近 $N$ 个观察值，当预测项目很多时，就要占据相当大的存储空间；其次，移动平均实际上是对最近的 $N$ 个观察值等权看待，也就是假定近期 $N$ 个数据同等重要，而对 $t-N$ 期以前的数据则完全不考虑。所以，更为切合实际的方法是对各期观测值依时间顺序加权。指数平滑法就是这样的方法，是按数据的重要程度（一般是按时间的远近顺序）成非线性单调变化，而且又不需要存储很多数据。这种方法一般用于实际数据序列以随机变动为主的场合，可以消除时间序列的偶然性变动，进而寻找预测对象的变化特征和趋势。

**1. 指数平滑的公式**

由式(4-1)可知,$M_{t-1}$ 是 $Y_{t-1},Y_{t-2},\cdots,Y_{t-N}$ 的平均值,可以近似代表其中任何一个数值,用 $M_{t-1}$ 取代 $Y_{t-N}$。代入式(4-2)中,则有:

$$M_t = M_{t-1} + \frac{Y_t - Y_{t-N}}{N} = M_{t-1} + \frac{Y_t - M_{t-1}}{N} = \frac{1}{N}Y_t + \left(1 - \frac{1}{N}\right)M_{t-1} \qquad (4-4)$$

以 $\alpha$ 代替 $\frac{1}{N}$,把 $M_t$ 记作 $S_t$,则式(4-4)变为:

$$S_t = \alpha Y_t + (1-\alpha)S_{t-1} \qquad (4-5)$$

式(4-5)就是时间序列 $Y_1,Y_2,\cdots,Y_t$ 的指数平滑公式。其中 $S_t$ 表示 $t$ 时期的指数平滑数,$\alpha$ 为平滑常数,$0 < \alpha < 1$,$Y_t$ 为 $t$ 时期的实际值。

将式(4-5)依次展开:

$$
\begin{aligned}
S_t &= \alpha Y_t + (1-\alpha)S_{t-1} \\
&= \alpha Y_t + (1-\alpha)\left[\alpha Y_{t-1} + (1-\alpha)S_{t-2}\right] \\
&= \alpha Y_t + \alpha(1-\alpha)Y_{t-1} + (1-\alpha)^2 S_{t-2} \\
&\quad\vdots \\
&= \alpha Y_t + \alpha(1-\alpha)Y_{t-1} + \alpha(1-\alpha)^2 Y_{t-2} + \cdots + \alpha(1-\alpha)^{N-1}Y_{t-(N-1)} + (1-\alpha)^N S_{t-N}
\end{aligned}
$$

$$(4-6)$$

由于 $0 < \alpha < 1$,当 $N \to \infty$ 时,$(1-\alpha)^N \to 0$,于是式(4-6)变为 $S_t = \alpha\sum\limits_{j=0}^{\infty}(1-\alpha)^j Y_{t-j}$。

可见,指数平滑实际上是一种以时间确定权值的加权平均法。实际值 $Y_t,Y_{t-1},Y_{t-2},\cdots$ 的权系数分别为 $\alpha,\alpha(1-\alpha),\alpha(1-\alpha)^2,\cdots$。离现在时刻越近的数据,加权系数越大;距离越远的数据,加权系数越小,而且权系数之和为 $\alpha\sum\limits_{j=0}^{\infty}(1-\alpha)^j = 1$。

相比之下,指数平滑法的优点有:①对不同时间的数据的非等权处理较符合实际情况;②实用中仅需要选择 1 个模型参数 $\alpha$ 即可预测,简便易行;③具有适应性,也就是说预测模型能自动识别数据模式的变化而加以调整。但是它也有些不足之处:①对数据的转折点缺乏鉴别能力,这只能通过其他方法加以弥补;②长期预测的效果比较差,所以多用于做短期的预测。

**2. 指数平滑法的类型**

根据平滑次数的不同,有一次指数平滑、二次指数平滑、三次指数平滑等。但高次的指数平滑一般很少用。大多数时间序列的趋势变化,如图4-2所示,常常呈现出水平趋势、线性趋势或二次曲线趋势。对于这3种趋势变化,都可以选择合适的指数平滑法对其进行预测。

(1)水平趋势与一次指数平滑

一次指数平滑公式:

$$S_t^{(1)} = \alpha Y_t + (1-\alpha)S_{t-1}^{(1)}, (t=1,2,\cdots,T) \qquad (4-7)$$

式中 $S_t^{(1)}$——第 $t$ 期一次指数平滑值。

对于近期数据常常在一个水平附近上下波动的情况,就可以用一次指数平滑,如式(4-7),于是第 $t+1$ 期的预测值就是第 $t$ 期指数平滑值,即:

$$\hat{Y}_{t+1} = S_t^{(1)} = \alpha Y_t + (1-\alpha)S_{t-1}^{(1)}$$

$$\hat{Y}_{t+1} = \alpha Y_t + (1-\alpha)\hat{Y}_t \qquad (4-8)$$

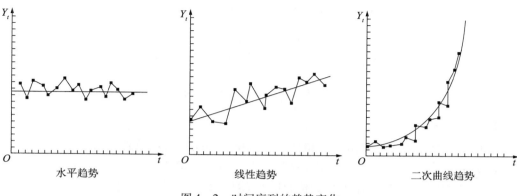

图 4-2 时间序列的趋势变化

（2）线性趋势与二次指数平滑

二次指数平滑就是在一次指数平滑的基础上，再进行一次平滑，其计算公式见式（4-9）和式（4-10）：

$$S_t^{(1)} = \alpha Y_t + (1-\alpha)S_{t-1}^{(1)} \tag{4-9}$$

$$S_t^{(2)} = \alpha S_t^{(1)} + (1-\alpha)S_{t-1}^{(2)} \tag{4-10}$$

式中    $S_t^{(1)}$，$S_t^{(2)}$——分别表示一次和二次指数平滑值。

当实际数据序列具有较明显的线性增长倾向时，则不宜使用一次指数平滑法，因为存在明显的滞后偏差，将使预测值偏低。此时通常可采用二次指数平滑法，利用滞后偏差规律来建立线性预测模型。

当时间序列存在线性趋势时，利用 $S_t^{(1)}$，$S_t^{(2)}$ 建立的线性趋势预测模型见式（4-11）。

$$\hat{Y}_{t+h} = a_t + b_t h \tag{4-11}$$

其中，$a_t$，$b_t$ 的计算公式见式（4-12）和式（4-13）

$$a_t = 2S_t^{(1)} - S_t^{(2)} \tag{4-12}$$

$$b_t = \frac{\alpha}{1-\alpha}(S_t^{(1)} - S_t^{(2)}) \tag{4-13}$$

式中    $S_t^{(1)}$，$S_t^{(2)}$——当前时期 $t$ 的指数平滑值。

（3）二次曲线趋势与三次指数平滑

如果实际数据序列具有非线性增长倾向，则一次、二次指数平滑法都不适用了。此时应采用三次指数平滑法建立非线性预测模型，再用模型进行预测。

三次指数平滑公式见式（4-14）~（4-16）：

$$S_t^{(1)} = \alpha Y_t + (1-\alpha)S_{t-1}^{(1)} \tag{4-14}$$

$$S_t^{(2)} = \alpha S_t^{(1)} + (1-\alpha)S_{t-1}^{(2)} \tag{4-15}$$

$$S_t^{(3)} = \alpha S_t^{(2)} + (1-\alpha)S_{t-1}^{(3)} \tag{4-16}$$

式中    $S_t^{(1)}$，$S_t^{(2)}$，$S_t^{(3)}$——分别表示一次、二次和三次指数平滑值。

当时间序列存在二次曲线趋势时，可以利用三次指数平滑建立二次曲线趋势预测模型，见式（4-17）。

$$\hat{Y}_{t+T} = a_t + b_t T + c_t T^2, (T=1,2,\cdots) \tag{4-17}$$

其中,$a_t$,$b_t$,$c_t$的计算公式见式(4-18)~(4-20):

$$a_t = 3S_t^{(1)} - 3S_t^{(2)} + S_t^{(3)} \qquad (4-18)$$

$$b_t = \frac{\alpha}{2(1-\alpha)^2}\left[(6-5\alpha)S_t^{(1)} - 2(5-4\alpha)S_t^{(2)} + (4-3\alpha)S_t^{(3)}\right] \qquad (4-19)$$

$$c_t = \frac{\alpha^2}{2(1-\alpha)^2}\left[S_t^{(1)} - 2S_t^{(2)} + S_t^{(3)}\right] \qquad (4-20)$$

**3. 初始值的确定**

假定有一定数目的历史数据,常用的确定初始值的方法是将已知数据分成两部分,用第一部分估计初始值,用第二部分进行平滑,求各平滑参数。一般来说,对于变动趋势较稳定的观察值,可以直接用第一个数据作为初始值;如果观测值的变动趋势有起伏波动时,则以 $n$ 个数据的平均值作为初始值,以减少初始值对平滑的影响。

最简单的方法是取前几个数的平均值作为初始值。一般取前 $3\sim5$ 个数的算术平均值,见式(4-21):

$$S_0^{(1)} = S_0^{(2)} = S_0^{(3)} = \frac{Y_1 + Y_2 + Y_3}{3} \qquad (4-21)$$

也可以用最小二乘法或其他方法对前几个数据进行拟合,估计 $a_0$,$b_0$,$c_0$,再根据 $a_0$,$b_0$,$c_0$ 的关系式,计算出初始值。

**4. 平滑系数 $\alpha$ 的确定**

在运用指数平滑法时,选择合适的平滑系数非常重要,因为 $\alpha$ 的选择是否得当,直接影响着预测的效果。指数平滑 $\alpha$ 代表对时序变化的反应速度,又决定预测中修正随机误差的能力。一般来说,平滑系数 $\alpha$ 越小,平滑作用越强,但对实际数据的变动反应越迟缓,即滞后偏差的程度随着 $\alpha$ 的增大而减少。若选 $\alpha=0$,$S_t = S_{t-1}$,这是充分相信初始值,预测过程中不需要引进任何新信息;若选 $\alpha=1$,平滑值 $S_t$ 就是实际观察值 $Y_t$,这是完全不相信过去信息。这两种选择都是极端情况,实际上,$\alpha$ 值应在 $0\sim1$ 之间选择。

(1)$\alpha$ 的主观准则法

通过对一次平滑预测加权系数的分布分析,可以得到选择 $\alpha$ 的一些基本准则:

①如果预测误差是由某些随机因素造成的,时间序列的基本发展趋势比较稳定,$\alpha$ 值应取小一点(如 $0.1\sim0.4$),以减少修正幅度,使预测模型能包含较长时间序列的信息,即较早的观测值也能充分反映在现时的指数平滑值中。

②如果时间序列虽然有不规则变动,但长期变化接近某一稳定常数,$\alpha$ 值一般取为 $0.05\sim0.2$,以使各观察值在现时的指数平滑中有大小接近的权数。

③如果预测目标的基本趋势已经发生了系统的变化,也就是说预测误差属于系统误差,则 $\alpha$ 的取值应该大一点。这样,就可以根据当前的预测误差对原预测模型进行大幅度的修正,使模型迅速跟上预测目标的变化。但此时 $\alpha$ 取值不能过大。

④如果原始数据不充分,初始值选取比较随便,或者预测模型仅在某一段时间内能较好地表达这个时间序列,这段时间内时间序列具有迅速和明显的趋势变动,则 $\alpha$ 的取值也应大一点(一般为 $0.3\sim0.5$),以使模型加重对以后逐步得到的近期数据的依赖,减轻对早期数据的依赖。

(2)$\alpha$ 的 MSE 准则法

$\hat{Y}_{t-1}(1)$ 表示用指数平滑法,在第 $t-1$ 时刻,对 $t$ 时刻的预测值。则一步预测的误差 $e_t(1)$

计算见式(4-22):

$$e_t(1) = Y_t - \hat{Y}_{t-1}(1), (t = 1, 2, \cdots, m) \qquad (4-22)$$

其误差平方和见式(4-23):

$$Q = \sum_{t=2}^{m} e_t(1)^2 = \sum_{t=2}^{m} [Y_t - \hat{Y}_{t-1}(1)]^2 \qquad (4-23)$$

因为 $\hat{Y}_{t-1}(1)$ 的值是由 $\alpha$ 确定的,则 $Q$ 是关于 $\alpha$ 的函数。目标是选出合适的 $\alpha$,使得误差平方和 $Q$ 达到最小。对于求解 $\alpha$,一般可采用一维搜索法。常用的办法是将 $\alpha$ 在 $(0,1)$ 进行离散化处理,再用穷举法,逐一的搜索,找到最优的 $\alpha$。

但在实际预测时,还必须考虑时序数据本身的特征。当选 $\alpha$ 值接近 1 为最优值时,常常预示着时序数据有明显的趋势变动或季节性变动。在这种情况下,采用一次指数平滑法或非季节性的平滑方法,都难以得到有效的预测结果。

（三）事故预测举例

飞行品质监控是航空公司安全管理的重要基础工作。从预警管理角度来看,飞行品质监控有助于对电机运行状态和操纵人行为进行监测、识别和诊断,并及时报警和采取预控对策。通过对飞行品质监控数据的分析,也就是对超限事件的发生趋势的预测,可以及时发现民航事故的早期征兆,从而有利于事前的飞行安全管理,防患于未然。

例:某航空公司飞行品质监控周报(2001 年 27~35 周),数据见表 4-1,采用指数平滑法预测之后一个月(即 36~39 周)超限事件的发生趋势,为民航灾害预警管理提供对策依据。

**表 4-1 某航空公司飞行品质监控数据**

| 月份 | 7 月 | | | | 8 月 | | | | 9 月 |
|------|------|------|------|------|------|------|------|------|------|
| 周序 | 第 27 周 | 第 28 周 | 第 29 周 | 第 30 周 | 第 31 周 | 第 32 周 | 第 33 周 | 第 34 周 | 第 35 周 |
| 监控起落数 | 284 | 291 | 341 | 323 | 253 | 252 | 250 | 267 | 260 |
| 超限时间总数 | 1369 | 1411 | 1671 | 1441 | 952 | 969 | 801 | 981 | 991 |
| 三级事件总数 | 384 | 409 | 500 | 392 | 127 | 124 | 77 | 112 | 106 |

实际上,预测超限事件的发生总数以及一级、二级事件次数,对航空灾害预警管理都是有价值的,但由于三级事件的发生次数对预警指标值计算有直接的意义,故重点以对三级超限事件的预测为例探讨飞行品质监控的预警方法。

(1)一次指数平滑法

一次指数平滑公式为:

$$S_t^{(1)} = \alpha Y_t + (1 - \alpha)S_{t-1}^{(1)}, (t = 1, 2, \cdots, 9)$$

式中     $S_t^{(1)}$——一次指数平滑值;

       $\alpha$——平滑指数, $0 < \alpha < 1$。

于是第 $t+1$ 期的预测值就是第 $t$ 期的指数平滑值:

$$\hat{Y}_{t+1} = S_{t+1}^{(1)} = \alpha Y_{t+1} + (1 - \alpha)\hat{Y}_t$$

基于上述论及的一些 $\alpha$ 选取准则,这里分别选择 $\alpha = 0.5$、$\alpha = 0.7$、$\alpha = 0.9$ 进行试算,并计算 $\alpha$ 取不同值时平均绝对百分误差的大小,看哪个误差小,就选哪一个。结果见表 4-2。其

中,初始值取前 3 个数的算术平均值,例如:

$$\hat{Y} = S_0^{(1)} = S_0^{(2)} = \frac{Y_1 + Y_2 + Y_3}{3} = 431$$

表 4 - 2    一次指数平滑预测运算表

| 序号 | 原始值 | 预测值 | | | 绝对误差 | | |
|---|---|---|---|---|---|---|---|
| | | $\alpha = 0.5$ | $\alpha = 0.7$ | $\alpha = 0.9$ | $\alpha = 0.5$ | $\alpha = 0.7$ | $\alpha = 0.9$ |
| 0 | | 431.00 | 431.00 | 431.00 | | | |
| 1 | 384 | 407.50 | 398.10 | 388.70 | 23.50 | 14.10 | 4.70 |
| 2 | 409 | 408.25 | 405.73 | 406.97 | 0.75 | 3.27 | 2.03 |
| 3 | 500 | 454.13 | 471.72 | 490.70 | 45.875 | 28.281 | 9.303 |
| 4 | 392 | 423.06 | 415.92 | 401.87 | 31.063 | 23.916 | 9.8697 |
| 5 | 127 | 275.03 | 213.67 | 154.49 | 148.030 | 86.675 | 27.4870 |
| 6 | 124 | 199.52 | 150.90 | 127.05 | 75.516 | 26.902 | 3.0487 |
| 7 | 77 | 138.26 | 99.171 | 82.005 | 61.258 | 22.171 | 5.0049 |
| 8 | 112 | 125.13 | 108.15 | 109.00 | 13.129 | 3.8488 | 2.9995 |
| 9 | 106 | 115.56 | 106.65 | 106.30 | 9.5645 | 0.64537 | 0.30005 |
| 平均误差 | | | | | 45.4095 | 23.3121 | 7.1936 |

(2)二次指数平滑法

由表 4 - 2 可知,当 $\alpha = 0.9$ 时,平均误差最小,因而取二次平滑指数为 $\alpha = 0.9$。

二次指数平滑预测公式:

$$S_t^{(2)} = \alpha S_t^{(1)} + (1 - \alpha) S_{t-1}^{(2)}$$

计算结果见表 4 - 3。

表 4 - 3    一次指数平滑预测运算表

| 序号 | 一次预测值 | 二次预测值 | 序号 | 一次预测值 | 二次预测值 |
|---|---|---|---|---|---|
| 1 | 388.7 | 392.93 | 6 | 127.05 | 132.35 |
| 2 | 406.97 | 405.57 | 7 | 82.005 | 87.039 |
| 3 | 490.7 | 482.18 | 8 | 109 | 106.8 |
| 4 | 401.87 | 409.9 | 9 | 106.3 | 106.35 |
| 5 | 154.49 | 180.03 | | | |

(3)预测结果

由式(4 - 11),第 $t$ 期之后第 $T$ 个时刻的预测公式:

$$\hat{Y}_{t+h} = a_t + b_t h, (h = 1, 2, \cdots)$$

$$a_t = 2S_t^{(1)} - S_t^{(2)}$$

$$b_t = \frac{\alpha}{1 - \alpha}(S_t^{(1)} - S_t^{(2)})$$

式中 $S_t^{(1)}$, $S_t^{(2)}$——当前时期 $t$ 的一次和二次指数平滑值。

因此，

$$a_9 = 2S_9^{(1)} - S_9^{(2)} = 106.25$$

$$b_9 = \frac{\alpha}{1-\alpha}(S_9^{(1)} - S_9^{(2)}) = -0.45$$

第 35 周后的预测公式为：

$$\hat{Y}_{9+h} = a_9 + b_9 h = 106.25 - 0.45h, (h = 1, 2, \cdots)$$

则 36 ~ 39 周的三级超限事件的发生情况如下：

$$h = 1, \hat{Y}_{10} = 105.8$$

$$h = 2, \hat{Y}_{11} = 105.35$$

$$h = 3, \hat{Y}_{12} = 104.9$$

$$h = 4, \hat{Y}_{13} = 104.45$$

数据表明，36 ~ 39 周的三级超限事件基本持平，低于预定的警戒值，不发出预警信号。

## 三、回归预测法

预测对象除了随时间自变量变化外，还受到各种因素的影响，而且这些因素往往是相互关联的，因此在进行预测时，可以将相关因素联系起来，进行因果关系分析。回归预测方法就是因果法中常用的一种分析方法，它以历史数据的变化规律为依据，抓住事物发展的主要矛盾因素和因果关系，建立数学模型进行预测。根据回归模型自变量的个数可将回归问题分为一元回归和多元回归，按照回归模型自变量是否线性可分为线性和非线性回归。回归分析法一般适用于中期预测。

下面仅以一元回归为例，介绍事故预测。

### （一）回归分析

回归预测法是分析因变量与自变量之间因果关系的预测方法。但对于事故预测问题，因为一元回归模型的自变量只有一个，所以一般都是把时间作为自变量。这样建立的模型在本质上还是时间序列预测的模型，但是因为回归模型的理论研究已经非常的充分，所以得到了广泛的应用。

理论回归模型：

$$y = \beta_0 + \beta_1 x + \varepsilon \qquad (4-24)$$

样本回归模型：

$$y_i = \beta_0 + \beta_1 x_i + \varepsilon_i, (i = 1, 2, \cdots, n) \qquad (4-25)$$

经验回归模型：

$$\hat{y} = \hat{\beta}_0 + \hat{\beta}_1 x \qquad (4-26)$$

式中 $\hat{\beta}_0$, $\hat{\beta}_1$——回归参数 $\beta_0$, $\beta_1$ 的估计值，$\varepsilon \sim N(0, \sigma^2)$。

式(4-25)用矩阵表示为：

$$\begin{cases} y = x\beta + \varepsilon \\ E(\varepsilon) = 0 \\ Var(\varepsilon) = \sigma^2 I_n \end{cases} \qquad (4-27)$$

其中

$$\boldsymbol{y} = \begin{bmatrix} y_1 \\ y_2 \\ \vdots \\ y_n \end{bmatrix}, \quad \boldsymbol{x} = \begin{bmatrix} 1 & x_1 \\ 1 & x_2 \\ \vdots & \vdots \\ 1 & x_n \end{bmatrix}, \quad \boldsymbol{\beta} = \begin{bmatrix} \beta_0 \\ \beta_1 \end{bmatrix}, \quad \boldsymbol{\varepsilon} = \begin{bmatrix} \varepsilon_1 \\ \varepsilon_2 \\ \vdots \\ \varepsilon_n \end{bmatrix}$$

$\boldsymbol{I}_n$ 为 $n$ 阶单位矩阵。

**1. 线性化**

大多数情况下,利用一元回归模型预测安全事故,因变量与自变量以及未知参数之间都不存在线性关系。一般都可以通过简单的函数变换,将其转化为线性模型,这类模型就是可线性化的非线性回归模型(如指数函数模型、幂函数模型等)。

表 4 – 4 给出了几种常见的可线性化的非线性模型,其中最右边一列表示的是非线性函数转化为线性函数的代换关系。

表 4 – 4    10 种常见的可线性化的曲线回归方程

| 函数类别 | 非线性函数 | 线性函数 |
| --- | --- | --- |
| 对数函数 | $y = b_0 + b_1 \ln t$ | $u = \ln t$ |
| 逆函数 | $y = b_0 + b_1/t$ | $u = \dfrac{1}{t}$ |
| 一类指数函数 | $y = b_0 \exp(b_1 t)$ | $v = \ln y, b'_0 = \ln b_0$ |
| 二类指数函数 | $y = b_0 \exp(b_1/t)$ | $v = \ln y, u = \dfrac{1}{t}, b'_0 = \ln b_0$ |
| 幂函数 | $y = b_0 t^{b_1}$ | $v = \ln y, u = \ln t, b'_0 = \ln b_0$ |
| 增长函数 | $y = \exp(b_0 + b_1 t)$ | $v = \ln y$ |
| 复合函数 | $y = b_0 b'_1$ | $v = \ln y, b'_0 = \ln b_0, b'_1 = \ln b_1$ |
| 一类 S 型函数 | $y = \exp(b_0 + b/t)$ | $v = \ln y, u = \dfrac{1}{t}$ |
| 二类 S 型函数 | $y = \dfrac{1}{b_0 + b_1 \mathrm{e}^{-t}}$ | $v = \dfrac{1}{y}, u = \mathrm{e}^{-t}$ |
| 逻辑函数 | $y = \dfrac{1}{1/a + b_0 b'_1}$<br>$a$ 是预先给定的常数 | $v = \dfrac{1}{y} - \dfrac{1}{a}, b'_0 = \ln b_0, b'_1 = \ln b_1$ |

表 4 – 5 是某单位 1989 ~ 2003 年生产事故(包括死亡、重伤、轻伤)的频数统计表。根据表 4 – 5,绘制出其事故频数 $y$ 与年序数 $x$ 的变化曲线,见图 4 – 3。从图 4 – 3 中可以看出,在个别年份里,事故频数虽然有所波动,但总的趋势是在逐年下降。初期时,下降速度较快,随后则逐渐缓慢并向轴趋近。为此,可确定采取式(4 – 28)指数函数作为预测模型:

$$y = a\mathrm{e}^{bx} \tag{4 – 28}$$

式中    $a, b$——回归系数;

   $x$——年序数;

   $y$——事故频数。

表4－5　某单位1989～2003年事故频数统计结果

| 年 | 年序数($x$) | 事故频数($y$) |
|---|---|---|
| 1989 | 1 | 350 |
| 1990 | 2 | 347 |
| 1991 | 3 | 437 |
| 1992 | 4 | 260 |
| 1993 | 5 | 211 |
| 1994 | 6 | 215 |
| 1995 | 7 | 214 |
| 1996 | 8 | 191 |
| 1997 | 9 | 109 |
| 1998 | 10 | 109 |
| 1999 | 11 | 112 |
| 2000 | 12 | 63 |
| 2001 | 13 | 57 |
| 2002 | 14 | 40 |
| 2003 | 15 | 60 |
| 合计 | $\sum x = 120$ | $\sum y = 2775$ |

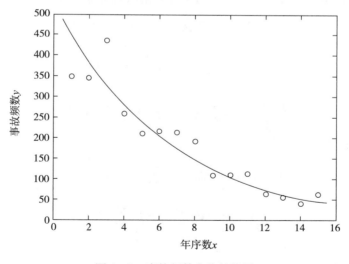

图4－3　事故频数变化趋势图

由于该模型为一元可线性化的线性模型,通过函数变换转化为一元线性模型,再进行求解。$y = ae^{bx}$两边取对数得:$\ln y = \ln(ae^{bx}) = \ln a + bx$,令$z = \ln y$,$A = \ln a$,$B = b$,于是有

$$z = A + Bx \tag{4-29}$$

这样就可以用一元回归模型系数的求法求解出$A$和$B$,再求出$a = e^A$和$b = B$,得到原回归模型。

**2. 参数估计**

可以利用最小二乘估计法、极大似然估计法对回归参数进行估计,这里我们仅介绍最小二乘估计法。

对于回归参数 $\beta_0$, $\beta_1$ 的估计,根据不同的准则以及不同的统计方法,可以得到不同的数值,因而经验回归模型(4-26)中的参数 $\hat{\beta}_0$, $\hat{\beta}_1$ 不是唯一确定的。

$$Q(\beta_0, \beta_1) = \sum_{i=1}^{n} (y_i - E(y_i))^2 = \sum_{i=1}^{n} (y_i - \beta_0 - \beta_1 x_i)^2 \qquad (4-30)$$

所谓最小二乘法,就是寻找回归参数 $\beta_0$, $\beta_1$ 的估计值 $\hat{\beta}_0$, $\hat{\beta}_1$,使上述离差平方和达到极小,及满足式(4-31):

$$Q(\hat{\beta}_0, \hat{\beta}_1) = \sum_{i=1}^{n} (y_i - \hat{\beta}_0 - \hat{\beta}_1 x_i)^2 = \min_{\beta_0, \beta_1} \sum_{i=1}^{n} (y_i - \beta_0 - \beta_1 x_i)^2 \qquad (4-31)$$

式(4-31)所求出的 $\hat{\beta}_0$, $\hat{\beta}_1$ 就称为回归参数 $\beta_0$, $\beta_1$ 的最小二乘估计。称 $\hat{y}_i$ 的计算见式(4-32):

$$\hat{y}_i = \hat{\beta}_0 + \hat{\beta}_1 x_i \qquad (4-32)$$

式(4-32)为 $y_i(i=1,2,\cdots,n)$ 的回归拟合值,简称回归值或拟合值。

$$\sum_{i=1}^{n} e_i^2 = \sum_{i=1}^{n} (y_i - \hat{y}_i)^2 = \sum_{i=1}^{n} (y_i - \hat{\beta}_0 - \hat{\beta}_1 x_i)^2 \qquad (4-33)$$

其中,$e_i = y_i - \hat{y}_i$ 称为 $y_i(i=1,2,\cdots,n)$ 的残差。残差平方和从整体上刻画了 $n$ 个样本观测点 $(x_i, y_i)(i=1,2,\cdots,n)$ 到回归直线 $y_i = \hat{\beta}_0 + \hat{\beta}_1 x_i$ 距离的大小。残差平方和越小,回归直线与所有观测点越接近。

由于最小二乘法的意义在于使 $Q$ 达到最小,根据微积分中求极值的方法,对 $Q(\hat{\beta}_0, \hat{\beta}_1) = \sum_{i=1}^{n} (y_i - \hat{\beta}_0 - \hat{\beta}_1 x_i)^2$ 求偏导,并令其为 0,即 $\hat{\beta}_0$, $\hat{\beta}_1$ 满足式(4-34):

$$\begin{cases} \dfrac{\partial Q}{\partial \hat{\beta}_0} = -2 \sum_{i=1}^{n} [y_i - (\hat{\beta}_0 + \hat{\beta}_1 x_i)] = 0 \\ \dfrac{\partial Q}{\partial \hat{\beta}_1} = -2 \sum_{i=1}^{n} [y_i - (\hat{\beta}_0 + \hat{\beta}_1 x_i)] x_i = 0 \end{cases} \qquad (4-34)$$

整理式(4-34)得:

$$\begin{cases} -\sum_{i=1}^{n} y_i + n\hat{\beta}_0 + \hat{\beta}_1 \sum_{i=1}^{n} x_i = 0 \\ -\sum_{i=1}^{n} x_i y_i + \hat{\beta}_0 \sum_{i=1}^{n} x_i + \hat{\beta}_1 \sum_{i=1}^{n} x_i^2 = 0 \end{cases} \qquad (4-35)$$

解上面的线性方程组得:

$$\begin{cases} \hat{\beta}_0 = \bar{y} - \hat{\beta}_1 \bar{x} \\ \hat{\beta}_1 = \dfrac{\sum_{i=1}^{n} (x_i - \bar{x})(y_i - \bar{y})}{\sum_{i=1}^{n} (x_i - \bar{x})^2} = \dfrac{\sum_{i=1}^{n} x_i y_i - \dfrac{\left(\sum_{i=1}^{n} x_i\right)\left(\sum_{i=1}^{n} y_i\right)}{n}}{\sum_{i=1}^{n} x_i^2 - \dfrac{\left(\sum_{i=1}^{n} x_i\right)^2}{n}} \end{cases} \qquad (4-36)$$

其中，$\bar{x} = \dfrac{1}{n}\sum\limits_{i=1}^{n}x_i$，$\bar{y} = \dfrac{1}{n}\sum\limits_{i=1}^{n}y_i$。若使 $L_{xx}$ 和 $L_{xy}$ 按式(4-37)和式(4-38)表示：

$$L_{xx} = \sum_{i=1}^{n}(x_i - \bar{x})^2 = \sum_{i=1}^{n}x_i^2 - n\bar{x}^2 \qquad (4-37)$$

$$L_{xy} = \sum_{i=1}^{n}(x_i - \bar{x})(y_i - \bar{y}) = \sum_{i=1}^{n}x_iy_i - n\bar{x}\cdot\bar{y} \qquad (4-38)$$

则式(4-36)可简写为：

$$\begin{cases} \hat{\beta}_0 = \bar{y} - \hat{\beta}_1\bar{x} \\ \hat{\beta}_1 = L_{xy}/L_{xx} \end{cases} \qquad (4-39)$$

称式(4-39)为 $\beta_0, \beta_1$ 的参数估计式。

（二）事故预测举例

例：以表4-5的事故统计数据为例，线性化后的一元模型为 $z = A + Bx$，其中 $z = \ln y$，$A = \ln a$，$B = b$。根据一元线性回归的求解方法，原始数据及计算结果见表4-6。

表4-6　回归分析计算表

| 年 | $x_i$ | $y_i$ | $x_i^2$ | $z_i = \ln y_i$ | $x_i - \bar{x}$ | $z_i - \bar{z}$ | $(x_i - \bar{x})^2$ | $(z_i - \bar{z})^2$ | $(x_i - \bar{x})(z_i - \bar{z})$ | 预测值 $\hat{z}_i$ |
|---|---|---|---|---|---|---|---|---|---|---|
| 1989 | 1 | 350 | 1 | 5.8579 | -7 | 0.8740 | 49 | 0.7639 | -6.1180 | 6.1116 |
| 1990 | 2 | 347 | 4 | 5.8493 | -6 | 0.8654 | 36 | 0.7489 | -5.1924 | 5.9505 |
| 1991 | 3 | 437 | 9 | 6.0799 | -5 | 1.0960 | 25 | 1.2012 | -5.4800 | 5.7894 |
| 1992 | 4 | 260 | 16 | 5.5607 | -4 | 0.5768 | 16 | 0.3327 | -2.3072 | 5.6283 |
| 1993 | 5 | 211 | 25 | 5.3519 | -3 | 0.3680 | 9 | 0.1354 | -1.1040 | 5.4672 |
| 1994 | 6 | 215 | 36 | 5.3706 | -2 | 0.3867 | 4 | 0.1495 | -0.7734 | 5.3061 |
| 1995 | 7 | 214 | 49 | 5.3660 | -1 | 0.3821 | 1 | 0.1460 | -0.3821 | 5.1450 |
| 1996 | 8 | 191 | 64 | 5.2523 | 0 | 0.2684 | 0 | 0.0720 | 0 | 4.9839 |
| 1997 | 9 | 109 | 81 | 4.6913 | 1 | -0.2926 | 1 | 0.0856 | -0.2926 | 4.8228 |
| 1998 | 10 | 109 | 100 | 4.6913 | 2 | -0.2926 | 4 | 0.0856 | -0.5852 | 4.6617 |
| 1999 | 11 | 112 | 121 | 4.7185 | 3 | -0.2654 | 9 | 0.0704 | -0.7962 | 4.5006 |
| 2000 | 12 | 63 | 144 | 4.1431 | 4 | -0.8408 | 16 | 0.7069 | -3.3632 | 4.3395 |
| 2001 | 13 | 57 | 169 | 4.0431 | 5 | -0.9408 | 25 | 0.8851 | -4.7040 | 4.1784 |
| 2002 | 14 | 40 | 196 | 3.6889 | 6 | -1.2950 | 36 | 1.6770 | -7.7700 | 4.0173 |
| 2003 | 15 | 60 | 225 | 4.0943 | 7 | -0.8896 | 49 | 0.7914 | -6.2272 | 3.8562 |
| $Sum$ | 120 | 2775 | 1240 | 74.7591 | 0 | 0.006 | 280 | 7.8518 | -45.0955 | 74.7585 |

由表4-6可以计算出：$n = 15$，$\sum\limits_{i=1}^{15}x_i = 120$，$\sum\limits_{i=1}^{15}z_i = 74.7591$，$\sum\limits_{i=1}^{15}x_i^2 = 1240$，$\sum\limits_{i=1}^{15}(x_i - \bar{x})(z_i - \bar{z}) = -45.0955$，$\sum\limits_{i=1}^{15}(x_i - \bar{x})^2 = 280$，$\sum\limits_{i=1}^{15}(z_i - \bar{z})^2 = 7.8518$，则回归系数的最小二乘估计为

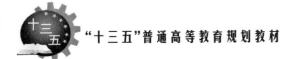

$$\begin{cases} \hat{B} = \dfrac{\displaystyle\sum_{i=1}^{n}(x_i - \bar{x})(z_i - \bar{z})}{\displaystyle\sum_{i=1}^{n}(x_i - \bar{x})^2} = \dfrac{-45.0955}{280} = -0.1611 \\[4mm] \hat{A} = \bar{z} - \hat{B}\bar{x} = \dfrac{\displaystyle\sum_{i=1}^{15} z_i - \hat{B}\sum_{i=1}^{15} x_i}{15} = \dfrac{74.7591 + 0.1611 \times 120}{15} = 6.2727 \end{cases}$$

从而得到经验回归方程：

$$\hat{z} = \hat{A} + \hat{B}x = 6.2727 - 0.1611x$$

于是，$a = e^A = e^{6.2727} = 529.9062$，$b = \hat{B} = -0.1611$，则原回归模型为

$$y = 529.9062e^{-0.1611x}$$

## 四、马尔柯夫链预测法

### (一)马尔柯夫链简介

马尔柯夫链最初由俄国数学家马尔可夫在 1906 年的研究而得名,他的理论研究至今已经深入到了自然科学、经济管理以及工程技术等各个领域中,并得到了广泛的应用。

在事件的发展过程中,若每次状态的转移都仅与现在时刻的状态有关,而与过去的状态无关,或者说状态的"过去"和"未来"是独立的,这样的状态转移过程就称为马尔柯夫过程(Markov Process)。例如,某产品明年是畅销还是滞销,只与今年的销售情况有关,而与往年的销售情况没有直接的关系。参数集和状态空间都是离散的马尔柯夫过程,称为马尔柯夫链(Markov Chain),简称为马氏链。

马尔柯夫过程的重要特征就是无后效性,即事物在 $t_0$ 时刻所处的状态为已知时,它在时刻 $t > t_0$ 所处状态的条件分布与其在 $t_0$ 时刻之前的状态无关。这个所谓的"无后效性",也被称为马尔柯夫性,又简称为马氏性。

系统的状态都是由过去转变到现在,再由现在转变到将来,而作为马尔柯夫链的动态系统将来是什么状态,只与现在的状态值有关,而与它以前的状态无关。因此,运用马尔柯夫链只要用到最近的动态资料便可预测将来。

马尔柯夫链预测法其实是一种概率预测法,它是根据预测对象各状态之间的转移概率来预测事故未来的发展,转移概率反映了各种随机因素的影响程度和各状态之间的内在规律,因此该模型可以用于预测随机波动性较大的问题。但是,预测的关键在于转移概率矩阵的可靠性,因此该预测模型要求大量的统计数据,才能保证预测精度,而这样就需要投入大量的人力物力进行数据的收集工作。

### (二)马尔柯夫链事故预测

由于事故发生的不确定性,需要预测的指标有时并没有明显的趋势变化,这样就无法用简单的趋势外推法进行预测。对于这些随机波动性强而且较为平稳的数据,可以采用马尔柯夫链预测法。因为这种预测法是一种概率预测方法,所以在进行预测时首先需要对事故指标进行划分,然后计算出转移概率矩阵,再利用转移概率矩阵进行预测。近十几年,国内也有大量学者应用马尔柯夫链进行研究。在事故预测领域中,文献主要集中于自然灾害事故中旱涝灾害的预测。而其他方面,也有研究者进行了有意义的探索,例如火灾的事故预测,交通事故的预测,疾病传播的预测以及银行贷款风险等金融安全的预测。

马尔柯夫计算所使用的基本公式见式(4-40)~(4-44):

已知,初始状态向量为:

$$s^0 = \left[ s_1^{(0)}, s_2^{(0)}, s_3^{(0)}, \cdots, s_n^{(0)} \right] \tag{4-40}$$

状态转移概率矩阵为:

$$P = \begin{pmatrix} P_{11} & \cdots & P_{1n} \\ \vdots & \vdots & \vdots \\ P_{n1} & \cdots & P_{nn} \end{pmatrix} \tag{4-41}$$

状态转移概率矩阵是一个 $n$ 阶方阵,它满足概率矩阵的一般性质,即有:

(1) $0 \leqslant p_{ij} \leqslant 1$;

(2) $\sum_{j=1}^{n} p_{ij} = 1$。

满足这两个性质的行向量称为概率向量。

状态转移概率矩阵的所有行向量都是概率向量;反之,所有行向量都是概率向量组成的矩阵,即概率矩阵。

一次转移向量 $s^{(1)}$ 为:

$$s^{(1)} = s^{(0)} P \tag{4-42}$$

二次转移向量 $s^{(2)}$ 为:

$$s^{(2)} = s^{(1)} P = s^{(0)} P^2 \tag{4-43}$$

类似地:

$$s^{(k+1)} = s^{(0)} P^{k+1} \tag{4-44}$$

(三)事故预测举例

例:某单位对 1250 名接触矽尘人员进行健康检查时,发现职工的健康状况分布如表 4-7 所列。

表 4-7 本年度接尘职工健康状况

| 健康状况 | 代表符号 | 人数 |
|---|---|---|
| 健康 | $s_1^{(0)}$ | 1000 |
| 疑似矽肺 | $s_2^{(0)}$ | 200 |
| 矽肺 | $s_3^{(0)}$ | 50 |

根据统计资料,前年到去年各种健康人员的变化情况如下:

健康人员继续保持健康者剩 70%,有 20% 变为疑似矽肺,10% 的人被定为矽肺,即:

$$p_{11} = 0.70, p_{12} = 0.20, p_{13} = 0.10$$

原有疑似矽肺者一般不可能恢复为健康者,仍保持原状者为 80%,有 20% 被正式定为矽肺,即:

$$p_{21} = 0, p_{22} = 0.80, p_{23} = 0.20$$

矽肺患者一般不可能恢复为健康或返回疑似矽肺,即:

$$p_{31} = 0, p_{32} = 0, p_{33} = 1$$

状态转移概率矩阵为:

$$\boldsymbol{p} = \begin{bmatrix} 0.7 & 0.2 & 0.1 \\ 0 & 0.8 & 0.2 \\ 0 & 0 & 1 \end{bmatrix}$$

根据以上资料,预测来年接尘人员的健康状况如下:

$$s_1^{(1)} = s^{(0)} p \begin{bmatrix} s_1^{(0)}, s_2^{(0)}, s_3^{(0)} \end{bmatrix} \begin{bmatrix} p_{11} & p_{12} & p_{13} \\ p_{21} & p_{22} & p_{23} \\ p_{31} & p_{32} & p_{33} \end{bmatrix} = \begin{bmatrix} 1000 & 200 & 50 \end{bmatrix} \begin{bmatrix} 0.7 & 0.2 & 0.1 \\ 0 & 0.8 & 0.2 \\ 0 & 0 & 1 \end{bmatrix}$$

1 年后健康者的人数 $s_1^{(1)}$ 为:

$$s_1^{(1)} = \begin{bmatrix} s_1^{(0)}, s_2^{(0)}, s_3^{(0)} \end{bmatrix} \begin{bmatrix} p_{11} \\ p_{21} \\ p_{31} \end{bmatrix} = \begin{bmatrix} 1000 & 200 & 50 \end{bmatrix} \begin{bmatrix} 0.7 \\ 0 \\ 0 \end{bmatrix}$$

$$= 1000 \times 0.7 + 200 \times 0 + 50 \times 0 = 700$$

1 年后疑似矽肺人数 $s_2^{(1)}$ 为:

$$s_2^{(1)} = \begin{bmatrix} s_1^{(0)}, s_2^{(0)}, s_3^{(0)} \end{bmatrix} \begin{bmatrix} p_{12} \\ p_{22} \\ p_{32} \end{bmatrix} = \begin{bmatrix} 1000 & 200 & 50 \end{bmatrix} \begin{bmatrix} 0.2 \\ 0.8 \\ 0 \end{bmatrix}$$

$$= 1000 \times 0.2 + 200 \times 0.8 + 50 \times 0 = 360$$

1 年后矽肺患者人数 $s_3^{(1)}$ 为:

$$s_3^{(1)} = \begin{bmatrix} s_1^{(0)}, s_2^{(0)}, s_3^{(0)} \end{bmatrix} \begin{bmatrix} p_{13} \\ p_{23} \\ p_{33} \end{bmatrix} = \begin{bmatrix} 1000 & 200 & 50 \end{bmatrix} \begin{bmatrix} 0.1 \\ 0.2 \\ 1 \end{bmatrix}$$

$$= 1000 \times 0.1 + 200 \times 0.2 + 50 \times 1 = 190$$

预测结果表明,该单位矽肺发展速度快,必须立即加强防尘工作和医疗卫生工作。

## 五、灰色预测法

### (一)灰色系统理论

灰色系统理论(grey theory)是我国学者邓聚龙教授于 1982 年首先提出来的一种处理不完全信息的理论方法。

所谓灰色系统是介于白色系统和黑色系统之间的过渡系统。全部信息都已知的系统为白色系统,而所有信息一无所知的系统则为黑色系统。我们称部分信息已知,部分信息未知的系统为灰色系统。灰色系统理论以"部分信息已知,部分信息未知"的"小样本"、"贫信息"不确定系统为研究对象,通过对部分已知信息的生成、开发,从中提取出有价值的信息,实现对系统运行规律的正确认识和确切描述,并依此进行进一步的科学分析和预测。

历经20多年的发展,灰色系统理论已基本建立起一门新兴学科的体系结构。灰色模型的构造,经过思想开发、因素分析、量化、动态化、优化5个步骤。首先利用灰色生成,在保持原始数据序列变化趋势的基础上弱化了其随机波动性,找出其潜在规律,再通过灰色差分方程和灰色微分方程之间的互换,实现了利用离散的数列建立连续动态微分方程的新飞跃。

由于灰色系统模型对数据及其分布没有什么特殊的要求和限制,即使只有较少的历史数据,且数据任意随机分布,也能得到较好地预测精度。因而近20多年来受到国内外学者的广泛关注,不论在理论研究,还是在应用研究上都取得了很大的进展,主要应用类型有灰色关联分析、灰色预测、灰色聚类、灰色决策、灰色控制、灰色优化、灰色评价等,其成功地解决了生产、生活和科学研究中的许多实际问题。随着科学的进步,以及其他关联学科的发展,灰色系统理论与其他学科的联系也越来越紧密,并将得到进一步的发展。

（二）灰色事故预测

安全系统是一个复杂的循环系统,受到多种因素的影响。由于我国安全事故数据库发展的不完善,可获得的事故统计数据十分有限,而且某些数据波动很大,无法正确辨识其分布规律,可能出现量化结果与分析结果不符等情况。灰色方法可以很好地解决这一问题。

用灰色方法来预测事故,要求系统具有典型的灰色性。

（1）不能完全明确系统的内部结构或运行机制,表征系统安全的数据等均看作是在真实的某个领域变化的灰数。

（2）在各种影响因素中,有许多的影响单元不能完全确定,或已经确定却难以量化,或已经量化的却又随机变化,称这些变量为灰元。

（3）构成系统安全的各种关系是灰关系,即不存在定量的映射关系,这些关系可以是各因素和系统安全的主行为的关系,或者各因素之间的关系,或者与环境之间的关系。

例如,交通事故。把某地区的道路交通作为一个系统,则此系统中存在着一些确定因素（白色信息）,如道路状况、信号标志等;同时也存在一些不确定因素,这些因素可以是不完全确定的,如驾驶员的生理和心理特征等,或难以量化的,如交通安全管理等,或可以量化却随机变化,如车辆状况、气候情况等。这些因素之间的影响关系错综复杂,因此系统具有明显的灰色特征。可以认为某地区的道路交通安全系统是一个灰色系统。

灰色预测方法由于其所需原始数据少、不要求数据具有典型分布等优势,已经被广泛应用于各类安全问题中,包括自然灾害（环境污染、地震灾害和旱涝灾害）、社会性事故（传染病）、生产事故、火灾事故和交通事故（航空、船舶和道路交通）等。从所查阅的文献资料上看,利用灰色理论进行事故预测大多集中在灾变预测上,通过灾变时间序列推断出下一次或者下 $k$ 次灾变发生的时间,这有利于相关部门提前做好准备,防患于未然或把其损失降低。

由于异常值（灾害值）的出现往往会给人们的生活、生态环境和农业生产等的正常活动带来异常结果,造成灾害,所以灾变预测是非常必要的,具有重要的指导意义和现实意义。灾变预测适用于数据发生突变或波动不定的预测之中。例如,旱涝灾害预测是通过给定的一个灾变阈值（阈值的选取通常凭借人们的主观经验）,当单位时间内降水量低于某一阈值时将出现旱灾,而当降水大于某一阈值时,则容易发生洪灾。因而,可以通过灾变预测来预测朱来发生水灾的年份。由于事故的特征量序列往往离散性较大,并且呈现出某种变化趋势的非平稳随机过程,为了保证灰色事故预测的精度,根据具体情况,可以考虑灰色方法的改进模型,如灰色残差模型、灰色新息模型、灰色威尔霍斯特(Verhulst)模型、灰色马尔柯夫链模型等。

对于一个灰色系统,已知一些表征事故特征的数列,就可以利用 GM 模型来预测未来的状况趋势。

**1. 数据生成**

灰色系统的一个基本观点是把一切随机变量都看作是在一定范围内变化的灰色量。根据灰色系统理论,处理灰色量不是采用通常的数理统计方法,而是采用数据生成的方法来寻求其中的规律性。灰色系统数据生成方式有 3 种:

(1)累加生成。累加生成即通过数据列中各数据项依次累加得到新的数据列。累加前的数据列称为原数据列,累加后生成的数据列称为生成数据列。

(2)累减生成。累减生成即通过数据列中各数据项依次相减得到新的数据列。累减是累加的逆运算。

(3)映射生成。映射生成是除了累加、累减之外的其他生成。

在伤亡事故发生趋势预测中主要采用累加生成的方式进行数据处理。

设有原始数据列 $\boldsymbol{x}^{(0)}$:

$$\boldsymbol{x}^{(0)} = \left[ x^{(0)}(k) \mid k = 1,2,3,\cdots,n \right]$$
$$= \left[ x^{(0)}(1), x^{(0)}(2), x^{(0)}(3), \cdots, x^{(0)}(n) \right] \qquad (4-45)$$

把第 1 个数据项 $x^{(0)}(1)$ 加到第 2 个数据项 $x^{(0)}(2)$ 上,得到生成数据列的第 2 个数据项 $x^{(1)}(2)$;把生成数据列的第 2 个数据项 $x^{(1)}(2)$ 加到第 3 个数据项 $x^{(0)}(3)$ 上,得到生成数据列的第 3 个数据项 $x^{(1)}(3)$。依此类推,得到生成数据列 $\boldsymbol{x}^{(1)}$:

$$\boldsymbol{x}^{(1)} = \left[ x^{(1)}(1), x^{(1)}(2), x^{(1)}(3), \cdots, x^{(1)}(n) \right] \qquad (4-46)$$

显然,生成数据列 $\boldsymbol{x}^{(1)}$ 与原始数据列 $\boldsymbol{x}^{(0)}$ 之间有如下关系:

$$x^{(1)}(k) = \sum_{i=1}^{k} x^{(0)}(i) \qquad (4-47)$$

经过累加生成得到的生成数据列比原始数据列的随机波动性减弱了,但内在的规律性显现出来了。

**2. 灰色模型**

对于生成数据列 $x^{(1)}$ 可以建立白化形式的微分方程,它称为一阶灰色微分方程,记为 GM(1,1):

$$\frac{\mathrm{d}\boldsymbol{x}^{(1)}}{\mathrm{d}t} + a\boldsymbol{x}^{(1)} = u \qquad (4-48)$$

式中 $a, u$——待定参数。

该方程的解为:

$$\hat{x}^{(1)}(k+1) = \left( x^{(1)}(1) - \frac{u}{a} \right) e^{-ak} + \frac{u}{a} \qquad (4-49)$$

该式称为时间反应方程。记参数列为 $\hat{\boldsymbol{a}}$:

$$\hat{\boldsymbol{a}} = \begin{bmatrix} a \\ u \end{bmatrix} \text{或} \hat{\boldsymbol{a}} = (a, u)^T \qquad (4-50)$$

可以利用最小二乘法求解 $\hat{\boldsymbol{a}}$:

$$\hat{\boldsymbol{a}} = (\boldsymbol{B}^T \boldsymbol{B})^{-1} \boldsymbol{B}^T \boldsymbol{y}_N \qquad (4-51)$$

式中,$\boldsymbol{B}$,$\boldsymbol{y}_N$ 的计算见式(4-52)和式(4-53):

$$B = \begin{bmatrix} -\frac{1}{2}(x^{(1)}(1)+x^{(1)}(2)) & 1 \\ -\frac{1}{2}(x^{(1)}(2)+x^{(1)}(3)) & 1 \\ \vdots & \vdots \\ -\frac{1}{2}(x^{(1)}(n-1)+x^{(1)}(n)) & 1 \end{bmatrix} \qquad (4-52)$$

$$y_N = \left[ x^{(0)}(2), x^{(0)}(3), \cdots, x^{(0)}(n) \right]^T \qquad (4-53)$$

将得到的参数 $a$ 和 $u$ 代入时间响应方程,可以算得生成数据列中第 $k$ 项和第($k+1$)项的估计值 $\hat{x}^{(1)}(k)$ 和 $\hat{x}^{(1)}(k+1)$。然后做累减生成,按式(4-54)计算原始数据列中第($k+1$)项的估计值 $\hat{x}^{(0)}(k+1)$:

$$\hat{x}^{(0)}(k+1) = \hat{x}^{(1)}(k+1) - \hat{x}^{(1)}(k) \qquad (4-54)$$

**3. 后验差检验**

为检验按灰色模型预测的可信性,需要进行后验差检验。

原始数据列的实际数据的平均值 $\bar{x}$ 和方差 $S_1^2$ 分别为:

$$\bar{x} = \frac{1}{n} \sum_{k=1}^{n} x^{(0)}(k) \qquad (4-55)$$

$$S_1^2 = \frac{1}{n} \sum_{k=1}^{n} (x^{(0)}(k) - \bar{x})^2 \qquad (4-56)$$

把第 $k$ 项数据的原始数据值 $x^{(0)}(k)$ 与计算的估计值之差 $q(k)$ 称作第 $k$ 项残差:

$$q(k) = x^{(0)}(k) - \hat{x}^{(0)}(k) \qquad (4-57)$$

则整个数据列所有数据项的残差的平均值 $\bar{q}$ 和方差 $S_2^2$ 分别为:

$$\bar{q} = \frac{1}{n} \sum_{k=1}^{n} q(k) \qquad (4-58)$$

$$S_2^2 = \frac{1}{n} \sum_{k=1}^{n} \left[ q(k) - \bar{q} \right]^2 \qquad (4-59)$$

通过计算后验差比值 $C$ 和小误差频率 $P$ 来进行后验差检验。

(1)后验差比值

按定义:

$$C = \frac{S_2}{S_1} \qquad (4-60)$$

后验差比值 $C$ 越小越好。$C$ 小则意味着 $S_2$ 小而 $S_1$ 大,即尽管原始数据很离散,按灰色模型计算的估计值与实际值也很接近。

(2)小误差频率

按定义,小误差频率 $P$ 为残差与残差平均值之差小于给定值 $0.6745S_1$ 的频率:

$$P = P\{ |q(k) - \bar{q}| < 0.6745S_1 \} \qquad (4-61)$$

小误差频率越 $P$ 大越好。

根据后验差比值 $C$ 和小误差频率 $P$ 可以综合评价模型的精度,见表4-8。

第四章　事故预测理论

表 4 – 8　后验差检验精度等级

| 精度等级 | 小误差频率 $P$ | 后验差比值 $C$ |
|---|---|---|
| 好 | $>0.95$ | $<0.35$ |
| 合格 | $>0.8$ | $<0.5$ |
| 勉强 | $>0.7$ | $<0.65$ |
| 不合格 | $\leqslant 0.7$ | $\geqslant 0.65$ |

**4. 残差模型**

如果经过后验差检验根据原始数据列建立的灰色模型不合格,可以建立残差模型对原模型进行修正。

对累加生成的数据列的数据项计算残差:

$$q^{(1)}(k) = x^{(1)}(k) - \hat{x}^{(1)}(k) \tag{4-62}$$

组成残差数据列 $\boldsymbol{q}^{(1)}$:

$$\boldsymbol{q}^{(1)} = (q^{(1)}(1), q^{(1)}(2), q^{(1)}(3), \cdots, q^{(1)}(n_1)) \tag{4-63}$$

一般只用部分残差而不是全部残差建立残差模型,即 $n_1 < n$。

将残差数据列进行累加生成得到残差累加生成数据列,建立一阶微分方程:

$$\frac{\mathrm{d}\boldsymbol{q}^{(1)}}{\mathrm{d}t} + a_1 \boldsymbol{q}^{(1)} = u_1 \tag{4-64}$$

该方程的解为:

$$\hat{q}^{(1)}(k+1) = \left(q^{(1)}(1) - \frac{u_1}{a_1}\right)\mathrm{e}^{-a_1 k} + \frac{u_1}{a_1} \tag{4-65}$$

在算出参数 $a_1$ 和 $u_1$ 的值之后,可以按式(4 – 66)计算原残差数据列第 $(k+1)$ 项的估计值 $\hat{q}^{(1)}(k+1)$:

$$\hat{q}^{(1)}(k+1) = \left(q^{(1)}(1) - \frac{u_1}{a_1}\right)\left(\mathrm{e}^{-a_1 \cdot (k+1)}\right) + \frac{u_1}{a_1} \tag{4-66}$$

$$\hat{q}^{(1)}(1) = q^{(1)}(1) \tag{4-67}$$

把残差估计值加到生成数据列的对应项上,得到修正后的模型。一般地,从保证预测精度方面考虑只对生成数据列的最后几个数据项进行修正。设对生成数据列的第 $m$ 项以后的数据项修正,则修正后的第 $(k+1)$ 项的估计值 $x^{(1)}(k+1)$ 为:

$$\hat{x}^{(1)}(k+1) = \left(x^{(0)}(1) - \frac{u}{a}\right)\mathrm{e}^{-ak} + \frac{u}{a} + \left(q^{(1)}(m) - \frac{u_1}{a_1}\right)$$
$$\left(\mathrm{e}^{-a_1(k-m+1)} - \mathrm{e}^{-a_1(k-m)}\right), (k > m) \tag{4-68}$$

$$\hat{x}^{(1)}(k+1) = \left(x^{(0)}(1) - \frac{u}{a}\right)\mathrm{e}^{-ak} + \frac{u}{a} + q^{(1)}(m), (k = m) \tag{4-69}$$

(三)事故预测举例

例:某企业 1980—1988 年间伤亡事故的千人负伤率分别为 56.2、55.7、49.5、34.6、14.4、9.5、9.0、6.5、4.1。据此,预测 1989 年的千人负伤率。

(1)把原始数据列 $\boldsymbol{x}^{(0)}$ 中数据项依次累加,生成数据列 $\boldsymbol{x}^{(1)}$,见表 4 – 9。

（2）计算参数 $a$ 和 $u$：

$$B = \begin{bmatrix} -84.0 & 1 \\ -136.6 & 1 \\ \vdots & \vdots \\ -237.4 & 1 \end{bmatrix}, \quad y_N = \begin{bmatrix} 55.7 \\ 49.5 \\ \vdots \\ 4.1 \end{bmatrix}, \quad \hat{a} = \begin{bmatrix} a \\ u \end{bmatrix} = \begin{bmatrix} 0.37 \\ 93.33 \end{bmatrix}$$

得到 $a = 0.37$ 和 $u = 93.33$。

（3）建立灰色预测模型：

$$\hat{x}^{(1)}(k+1) = 250.33 - 194.2e^{-0.37k}$$

按此模型计算的生成数据列及累减后得到的还原数据列的各数据项估计值见表 4 - 9 中的 $\hat{x}^{(0)}(k)$ 项。

（4）后验差检验。原始数据值与估计值之间的残差见表 4 - 9 的 $q(k)$ 项。

原始数据列的平均值 $\bar{x}^{(0)} = 26.60$，标准差为 $s_1 = 21.00$；残差平均值 $\bar{q} = 0.44$，标准差为 $s_2 = 1.16$。于是，后验差比值为 $C = 0.20$，小误差频率为 $P = 1$。对照表 4 - 8，预测精度等级为"好"，不必进行残差修正。

**表 4 - 9 原始数据及处理结果**

| 原始数据 | | | 处理结果 | | | | |
|---|---|---|---|---|---|---|---|
| 年份 | 千人负伤率 | $k$ | $x^{(0)}(k)$ | $x^{(1)}(k)$ | $\hat{x}^{(1)}(k)$ | $\hat{x}^{(0)}(k)$ | $q(k)$ |
| 1980 | 56.2 | 1 | 56.2 | 56.2 | 56.2 | 56.2 | 0 |
| 1981 | 55.7 | 2 | 55.7 | 111.8 | 116.6 | 60.4 | -4.8 |
| 1982 | 49.5 | 3 | 49.5 | 161.4 | 158.2 | 41.6 | 7.9 |
| 1983 | 34.6 | 4 | 34.6 | 196.0 | 186.9 | 28.7 | 5.9 |
| 1984 | 14.4 | 5 | 14.4 | 210.4 | 206.6 | 19.8 | -5.4 |
| 1985 | 9.5 | 6 | 9.5 | 219.9 | 220.2 | 13.6 | -4.1 |
| 1986 | 9.0 | 7 | 9.0 | 228.9 | 229.6 | 9.4 | -0.4 |
| 1987 | 6.5 | 8 | 6.5 | 235.4 | 236.1 | 6.5 | 0 |
| 1988 | 4.1 | 9 | 4.1 | 238.5 | 240.5 | 4.4 | -0.3 |
| 1989 | | | | | 243.6 | 3.1 | |

 思 考 题

1. 事故预测的概念是什么？

2. 事故预测是如何分类的？

3. 事故预测遵循的基本原理有哪些？

4. 事故预测的过程是怎样的?

5. 运用德尔菲法预测时应遵循的原则有哪些?

6. 某企业 2000—2008 年间,事故伤亡人数分别为 61,77,73,47,46,59,50,31,33 人。试分别用回归预测法和灰色系统预测法预测该企业 2011 年的事故伤亡人数。

# 第五章  事故预防理论

## 第一节  事故可预防原理

### 一、事故的发展阶段及可预防性

#### （一）事故的发展阶段

如同一切事物一样,事故也有其发生、发展及消除的过程,因而事故是可以预防的。事故的发展,一般可归纳为 3 个阶段。即孕育阶段、生长阶段和损失阶段,各阶段都具有自己的特点。

**1. 孕育阶段**

事故的发生有其基础原因,即社会因素和上层建筑方面的原因,如地方保护主义,各种设备在设计和制造过程中潜伏着危险。这些就是事故发生的最初阶段。此时,事故处于无形阶段,人们可以感觉到它的存在,估计到它必然会出现,而不能指出它的具体形式。

**2. 生长阶段**

在生长阶段出现企业管理缺陷,不安全状态和不安全行为得以发生,构成了生产中的事故隐患,即危险因素。这些隐患就是"事故苗子"。在这一阶段,事故处于萌芽状态,人们可以具体指出它的存在,此时有经验的安全工作者已经可以预测事故的发生。

**3. 损失阶段**

当生产中的危险因素被某些偶然事件触发时,就要发生事故。包括肇事人的肇事、起因物的加害和环境的影响,使事故发生并扩大,造成伤亡和经济损失。

研究事故的发展阶段,是为了识别和预防事故。安全工作的目的是要避免因事故而造成损失,因此,要将事故消灭在孕育阶段和生长阶段。

#### （二）事故的可预防性

确立对"伤亡事故可预防性"的认识十分重要。显而易见,如果认为伤亡事故是不可预防的,我们每天的安全工作就几乎没有意义;而且,当出现伤亡事故时,由于难以划分出责任事故与非责任事故,追究事故责任人并予以处罚也是不合适的;更重要的,如果认为伤亡事故是不可预防的,一个组织内从管理层到普通员工就不可能为预防伤亡事故去竭尽全力、兢兢业业地在每一个工作细节上精益求精。众多国际著名的跨国公司的理念进一步说明了"伤亡事故可预防性"这一认识的正确性。

事故的可预防性体现在以下 3 个方面:

（1）现代工业生产系统是人造系统,这就表示工业事故都是非自然因素造成的,这种客观实际给预防事故提供了基本的前提。

（2）事故的致因都是可以识别的,系统中的因素(人、机、环境)由于自身特点和相互间的作用,会产生失误或故障,从而导致人的不安全行为和物的不安全状态。人的不安全行为和物的不安全状态的相互组合,引发人机匹配失衡,从而导致事故的发生。

产生事故的原因是多层次的,总的来说,人的不安全行为和物的不安全状态是造成事故的直接原因;而人、机、环境又是受管理因素支配的,因此,管理不当和领导失误是导致事故的本质因素。尽管事故的致因具有随机性和潜伏性,但这些致因会在事故的成长阶段显现出来,运用系统安全分析的方法,可以识别出系统内部存在的危险因素;通过对大量的事故案例的分析,也可以发现事故的诱因。

（3）事故的致因都是可以消除的,通过下述措施,可有效地阻断系统中人和物的不安全运动的轨迹,使得事故发生的可能性降到最低限度。

①排除系统内部各种物质中存在的危险因素,消除物的不安全状态。

②加强对人的安全教育和技能培训,从生理、心理和操作上控制人的不安全行为的产生。

③建立健全法律法规和规章制度,规范决策程序,强化安全管理,从组织、制度和程序上,最大限度地避免管理失误的发生。

所以,从理论和客观上讲,任何事故都是可预防的。认识这一特性,对坚定信念,防止事故发生有促进作用。因此,人类应该通过各种合理的对策和努力,从根本上消除事故发生的隐患,把工业事故的发生降低到最低限度。

## 二、主动预防与被动预防

事故预防需要安全科学理论的指导和具体的安全技术作支撑。安全技术总是伴随人类生产技术的发展而产生,一种专门技术与其相关的安全技术构成一个独立的统一体。在过去很长一段时期内,安全仅以附加技术的形式依附于生产,从属于生产。人们仅仅在各种不同的行业的局部领域发展和应用不同的安全技术,这就造成人类的安全技术缺乏科学的理性,造成安全技术的研究相互隔离与重复,以致对安全规律的认识长期滞留在分散的、记录性的和彼此缺乏内在联系的状态。总之,传统的安全技术建立在事故统计的基础上,是经验型的。这种经验只能在有限地认识能力范围内获得,它感知的只是损害与原因之间简单的因果关系,其主要特征是事故后整改。在当时的认识能力及技术水平下,尽管传统安全技术为各行各业预防事故发生及减少损失起了不小的作用,但在高风险态势的技术条件中,它已远远不能适应需要了。人类社会迫切需要一门独立的探索安全普遍规律的学科诞生。

20世纪40年代以来,在国际产业和科技界的合作探索中,逐步形成一门跨学科的独立科学——安全科学。它的创立为人类安全高效的生产、生活提供了科学依据。特别是进入20世纪80年代以来,随着信息革命的深入发展,安全科学更加成熟完善起来。安全科学的诞生,标志着人类对安全问题的认识逐渐深入,对安全规律的探索也逐步发展,这也为安全技术从传统的经验型转向现代预测型提供了科学依据。现代的安全技术,在吸取以往经验的基础上,更注重对事物的预测研究,既要实行事前控制,又要主动地预防事故的发生,而不是消极地等事故发生后再来总结经验教训。现代安全技术对事故的预测要用到安全科学理论以及很多其他学科的理论,比如预测学、系统论、信息论、控制论等。当代电子计算机技术也为科预测提供了重要工具。

根据安全科学思想,预防事故的发生分4个层次。第一个层次是根除危险因素、限制或减少危险因素,这是最理想的方法;第二个层次是采用隔离、故障安全措施等安全技术;第三个层次是个人防护;第四个层次就是事故应急救援。当代事故预防就是通过主动预防与被动预防相结合来达到避免事故发生或减少事故损失的目的。

进入 21 世纪后,高技术群在世界范围迅速崛起,安全科学技术必须顺应历史发展的潮流和科技进步的趋势,积极开发安全高新技术,主动预防事故的发生,使安全技术在高新技术领域中实现 2 个目标,即:

(1)保护人类的身心安全,实现安全第一,不施害于人类及人类生存的环境。

(2)保障人类能舒适、高效地从事一切活动,人类在发展生产的同时又充分地享受自己创造的成果,实现劳动与享受的统一性。

## 三、事故的预防原则

### (一)可预防原则

工伤事故是人灾。人灾的特点和天灾不同,要想防止发生人灾,应立足于防患未然。原则上讲人灾都是能够预防的。因而,对人灾不要只考虑发生后的对策,必须进一步考虑发生之前的对策。安全工程学中把预防灾害于未然作为重点,安全管理强调以预防为主的方针,正是基于事故是可能预防的这一基点上的。但是,实际上要预防全部人灾是困难的。为此,不仅必须对物的方面的原因,而且还必须对人的方面的原因进行探讨。归根结底,要贯彻人灾可能预防的原则,就必须把防患于未然作为目标。

在事故原因的调查报告中,常常见到记载事故原因是不可抗拒的。所谓不可抗拒,也许是认为对于受害者本人来说是不能避免的意思,而不是从被害者的立场考虑的。如果站在防止这个事故再次发生的立场考虑,则应该存在另外的原因,而且那绝不是不可抗拒的,而是通过实施有效的对策,可以防患于未然。因而从可能预防的原则来看,人灾的原因调查可以不使用"不可抗拒"这个字眼。

过去的事故对策中多倾向于采取事后对策。例如作为火灾、爆炸的对策有建筑物的防火结构,限制危险物贮存数量、安全距离、防爆墙、防油堤等,以便减少事故发生时的损害;设置火灾报警器、灭火器、灭火设备等,以便早期发现、扑灭火灾;设立避难设施、急救设施等,以便在灾害已经扩大之后作紧急处理。即使这些事后对策完全实施,也不一定能够使火灾和爆炸防患于未然。为了防止火灾和爆炸,妥善管理发生源和危险物质是必需的,而且通过这些妥善管理是可能预防火灾、爆炸的发生的。当然为防备万一,采取充分的事后对策也是必要的。但是,防止灾害只着眼于事后对策的做法,可以说是从事故的发生不可避免的观点出发的。而这些则是基于把可能预防的人灾和天灾同等看待来考虑的。

总之,作为人为灾害的对策是防患于未然的对策,比事故后处置更为重要。安全工程学的重点应放在事故前的对策上。

### (二)偶然损失原则

某些事故的结果将造成损失。所谓损失包括人的死亡、受伤、有损健康、精神痛苦等,除此以外,还包括原材料、产品的烧毁或者污损,设备破坏,生产减退,赔偿金的支付及市场的丧失等物质损失。

可以把造成人的损失的事故称之为人的事故,造成物的损失的事故称之为物的事故。

人的事故可分为以下几类:

(1)由于人的动作所引起的事故,例如绊倒、高空坠落、人和物相撞、人体扭转等。

(2)由于物的运动引起的事故,例如人受飞来物体打击、重物压迫、旋转物夹持、车辆撞压等。

(3)由于接触或吸收引起的事故,例如接触带电导线而触电,受到放射线辐射,接触高温或低温物体,吸入或接触有害物质等。

这些人的事故的结果,在人体的局部或全身引起骨折、脱臼、创伤、电击伤害、烧伤、冻伤、化学伤害、中毒、窒息、放射性伤害等疾病或伤害,有时造成死亡。

事故和损失之间有下列关系:"一个事故的后果产生的损失大小或损失种类由偶然性决定。"反复发生的同种事故常常并不一定产生相同的损失。

发生瓦斯爆炸事故时,被破坏设备的种类,有无负伤者或人数多少,负伤部位或程度,爆炸后有无并发火灾等以及所有的爆炸事故当时发生的地点、人员配置、周围可燃物数量等都是由偶然性决定的,一律不能预测。

也有在事故发生时完全不伴有损失的情况,这种事故被称为险肇事故(near accident);即便是像这种避免了损失的危险事件,如再发生,会产生多大的损失,只能由偶然性决定而不能预测(同样的事故其损失是偶然的)。因此,为了防止造成大的损失,唯一的办法是防止事故的再次发生。

因而可以说,事后不管有无损失,作为防止灾害的根本是防患于未然,因为如果完全防止了事故,其结果就避免了损失。

(三)因果关系原则

如前所述,防止灾害的重点是必须防止发生事故。事故之所以发生,是有它的必然原因的。也就是说,事故的发生与其原因有着必然的因果关系。事故与原因是必然的关系,事故与损失是偶然的关系,这是可以科学地阐明的问题。

一般来讲,事故原因常可分为直接原因和间接原因。直接原因又称为一次原因,它是在时间上最接近事故发生的原因,它通常又进一步分为两类:物的原因和人的原因。物的原因是指由于设备、环境不良所引起的;人的原因则是指由于人的不安全行为引起的。

事故的间接原因有5项,列举如下:

(1)技术的原因。包括:主要装置、机械、建筑物的设计,建筑物竣工后的检查、保养等技术方面不完善,机械装备的布置,工厂地面、室内照明以及通风、机械工具的设计和保养,危险场所的防护设备及警报设备,防护用具的维护和配备等所存在的技术缺陷。

(2)教育的原因。包括:与安全有关的知识和经验不足,对作业过程中的危险性及其安全运行方法无知、轻视、不理解,训练不足,坏习惯,没有经验等。

(3)身体的原因。包括身体有缺陷,例如头疼、眩晕、癫痫病等疾病,近视、耳聋等残疾,由于睡眠不足而疲劳,酩酊大醉等。

(4)精神的原因。包括:怠慢、反抗、不满等不良态度,焦躁、紧张、恐怖、不和、心不在焉等精神状态,褊狭、固执等性格缺陷,以及白痴等智能缺陷。

(5)管理的原因。包括:企业主要领导人对安全的责任心不强,作业标准不明确,缺乏检查保养制度,人事配备不完善,劳动意志消沉等管理上的缺陷。

一般说来,调查事故发生的原因,不外乎上述5个间接原因中的某一个,或者某两个以上的原因同时存在。实际上,这些原因中技术、教育及管理这3个原因占绝大部分。

除此之外,还必须考虑以下更深层次的原因:

(6)学校教育的原因。由于小学、中学、大学等教育组织的安全教育不彻底。

(7)社会或历史的原因。由于有关安全的法规或行政机构不完善,社会思想不开化,产业发展的历史过程等。

上述的(6)和(7)两项原因由来是很深远的,要有针对性地直接提出对策是困难的,需要进一步在社会上广泛解决。但是必须深刻认识到这些问题是事故发生的最深层次的基础原因,同样是防止事故的重要问题。

分析事故发生的原因,可按下述连锁关系理解事故的经过:

基础原因→二次原因(间接原因)→一次原因(直接原因)→事故→损失。如果去掉其中任何一个原因,就切断了这个连锁,就能够防止事故的发生,这就叫做实施防止对策。因此如前面所叙述的那样,要选定适当的防止对策,取决于正确的事故原因分析。这里要强调指出,即使去掉了直接原因,只要间接原因还残留,同样不能防止直接原因再发生。所以,作为最根本的对策,应当分析事故原因,追溯到二次原因和基础原因,并深刻地进行研究。

### (四)"3E对策"原则

在前述各种原因中,技术的原因、教育的原因以及管理的原因,这3项是构成事故最重要的原因。与这些原因相应的防止对策为技术对策、教育对策以及法制对策。通常把技术(engineering)、教育(education)和法制(enforcement)对策称为"3E"安全对策,被认为是防止事故的三根支柱。

通过运用这三根支柱,能够取得防止事故的效果。如果片面强调其中任何一根支柱,例如强调法制,是不能得到满意的效果的,它一定要伴随技术和教育的进步才能发挥作用,而且改进的顺序应该是(1)技术;(2)教育;(3)法制。技术充实之后,才能提高教育效果;而技术和教育充实之后,才能实行合理的法制。

(1)技术对策。技术的对策是和安全工程学的对策不可分割的。当设计机械装置或工程以及建设工厂时,要认真地研究、讨论潜在危险的所在,预测发生某种危险的可能性,从技术上解决防止这些危险的对策。工程一开始就把它编入蓝图,而且像这样实施了安全设计的机械装置或设施,还要应用检查和保养技术,确实保障原计划的实现。

为了实施这样的根本的技术对策,应该知道所有有关的化学物质、材料、机械装置和设施,了解其危险性质、构造及其控制的具体方法。

为此,不仅要归纳整理各种已知的资料,而且要测定性质未知的有关物质的各种危险性质。为了得到机械装置安全设计所需要的其他资料,还要反复进行各种实验研究,以收集有关防止事故的资料。

(2)教育对策。教育不仅在产业部门作为一种安全对策,而且在教育机关组织的各种学校,同样有必要实施安全教育和训练。

应当尽可能从孩子幼年时期就开始安全教育,从小灌输对安全的良好认识和习惯,国家还应在中学及高等学校中,通过化学实验、运动竞赛、远足旅行、骑自行车、驾驶汽车等实行具体的安全教育和训练。

另一方面,培养教师的单位必须培养能在学校担任安全教育的教师。

作为专门教育机关的工业高等学校、工业高等专科学校或大学工程部,对将来担任技术工作的学生,应该系统地教授必要的安全工程学知识;对公司和工厂的技术人员,应该按照具体的业务内容,进行安全技术及管理方法的教育。

(3)法制对策。法制对策是从属于各种标准的。

作为标准,除了国家法律规定的以外,还有学术团体编写的安全指针和工业标准,公司、工厂内部的工作标准等。其中,强制执行的叫做指令性标准,劝告性的非强制的标准叫做推荐性标准。

法规必须具有强制性,如果规定过于详细,就会使某些工程适合其规定,而其他的工程则不适合,势必妨碍生产;其结果是,只有实行最低标准的法规,才可以适用于所有的场合。换言之,这说明除指令式法规外,大量的推荐式标准也是必需的。

综上所述,选择防止事故的对策时,如果没有选择最恰当的对策,效果就不会好。最适当的对策是在原因分析的基础上得出来的。与只把直接原因作为对象的对策相比,以二次原因及基础原因为对象的对策是根本的对策,在可能的情况下,应该选定以基本原因为对象的对策。

更重要的是必须尽量迅速地、不失时机地、确实地实行选定的对策。

## (五)本质安全化原则

本质安全是指通过设计等手段使生产设备或生产系统本身具有安全性,即使在误操作或发生故障的情况下也不会造成事故。具体包括两方面内容:

**1. 失误——安全功能**

失误——安全功能指操作者即使操作失误,也不会发生事故或伤害,或者说设备、设施和技术工艺本身具有自动防止人的不安全行为的功能。

**2. 故障——安全功能**

故障——安全功能指设备、设施或生产工艺发生故障或损坏时,还能暂时维持正常工作或自动转变为安全状态。

上述两种安全功能应该是设备、设施和技术工艺本身固有的,即在其规划设计阶段就被纳入其中,而不是事后补偿的。

本质安全是生产中"预防为主"的根本体现,也是安全生产的最高境界。实际上,由于技术、资金和人们对事故的认识等原因,目前还很难做到本质安全,它只能作为追求的目标。本质安全化就是将本质安全的内涵加以扩大,是指在一定的技术经济条件下,生产系统具有完善的安全防护功能,系统本身具有相当可靠的质量,系统运行中同样具有相当可靠的质量。

实现本质安全化,要求安全技术的发展必须超前于生产技术的发展。同时,还要求不断改进防护器具、安全报警装置等安全保护装置。实现安全本质化,还要求人-机-环境必须具备相当可靠的质量。因为质量不合格的系统必然存在危险因素,并潜伏着事故隐患,不论是设备故障,还是人员技能不合格,都可能酿成事故。实现安全本质化的关键,在于管理主体对管理客体实施有效地控制。因此,企业要想实现本质安全化,必须做到以下几点:

(1)设备本质安全。设备在设计和制造环节上都要考虑到应具有较完善的防护功能,以保证设备和系统能够在规定的运转周期内安全、稳定、正常地运行。这是防止事故的主要手段。

（2）运行本质安全。指设备的运行是正常的、稳定的，并且自始至终都处于受控状态。

（3）人员本质安全。指作业者完全具有适应生产系统要求的生理、心理条件，具有在生产全过程中很好地控制各个环节安全运行的能力，具有正确处理系统内各种故障及意外情况的能力。要具备这样的能力，首先要提高职工的职业理想、职业道德、职业技能和职业纪律；其次要开展安全教育，实现由"要我安全"到"我要安全"的转变；然后要提高职工的政策法制观念、安全技术素质和应变能力。

（4）环境本质安全。这里所说的环境包括空间环境、时间环境、物理化学环境、自然环境和作业现场环境。环境要符合各种规章制度和标准。实现空间环境的本质安全，应保证企业的生产空间、平面布置和各种安全卫生设施、道路等都符合国家有关法规和标准；实现时间环境的本质安全，必须做到按照设备使用说明和设备定期试验报告，来决定设备的修理和更新。同时必须遵守劳动法，使人员在体力能承受的法定工作时间内从事工作；实现物理化学环境本质安全，就要以国家标准作为管理依据，对采光、通风、温湿度、噪声、粉尘及有毒有害物质采取有效措施，加以控制，以保护劳动者的健康和安全；实现自然环境本质安全，就是要提高装置的抗灾防灾能力，做好事故灾害的应急预防对策的组织落实。

（5）管理本质安全。安全管理就是管理主体对管理客体实施控制，使其符合安全生产规范，达到安全生产的目的。安全管理的成败取决于能否有效控制事故的发生。当前，安全管理要从传统的问题发生型管理逐渐转向现代的问题发现型管理。为此，必须运用安全系统工程原理，进行科学分析，做到超前预防。

## （六）危险因素防护原则

当无法实现系统的本质安全时，即生产过程中存在危险因素时，为了实现安全生产，避免事故发生，势必要采取一定的防护措施。危险因素的防护原则包括：

### 1. 消除潜在危险的原则

用高新技术或其他方法消除人周围环境中的危险和有害因素，从而保证系统最大可能的安全性和可靠性，最大限度地防护危险因素。

安全技术的任务之一就是研制出适应具体生产条件下的确保安全的装置，或称故障自动保险的或失效保护（fail-safe）装置，以增加系统的可靠性。即使因为人的不安全行动而违章操作，或个别部件发生了故障，也会由于该安全装置的作用而完全避免伤亡事故的发生。

### 2. 降低潜在危险因素数值的原则

当不能根除危险因素时，应采取措施降低危险和有害因素的数量。这一原则可提高安全水平，但不能最大限度地防护危险因素。实质上，该原则只能获得折中的解决办法。

例如，在人-物质（环境）系统中，不像人-机系统那样易于装上 fail-safe 系统，如室外作业或环境中存在着化学能的有害气体，这就要从保护人的角度，减少吸入的尘毒数量，加强个体防护。这称之为第二位的 fail-safe。

### 3. 距离防护原则

生产中的危险和有害因素的作用，依照与距离有关的某种规律而减弱。例如对放射性等导致电离辐射的防护，噪声的防护等均可应用距离防护的原则来减弱其危害。采取自动化和遥控，使操作人员远离作业地点，以实现生产设备高度自动化，这是今后的方向。

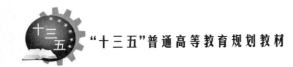

**4. 时间防护原则**

这一原则是使人处在危险和有害因素作用的环境中的时间缩短至安全限度之内。

**5. 屏蔽原则**

这一原则是在危险和有害作用的范围内设置障碍,以防护危险和有害因素对人的侵袭。障碍分为机械的、光电的、吸收的(如铅板吸收放射线)等。

**6. 坚固原则**

以安全为目的,提高设备结构强度,提高安全系数。尤其在设备设计时更要充分运用这一原理。例如起重运输的钢丝绳,坚固性防爆的电机外壳等。

**7. 薄弱环节原则**

与上述原则相反,此原则是利用薄弱的元件,当它们在危险因素尚未达到危险值之前已预先破坏,例如保险丝、安全阀等。

**8. 不予接近的原则**

这一原则是使人不能落入危险和有害因素作用的地带,或者在人操作的地带中消除危险和有害因素的落入。例如安全栅栏、安全网等。

**9. 闭锁原则**

这一原则是以某种方法保证一些元件强制发生相互作用,以保证安全操作。例如防爆电器设备,当防爆性能破坏时则自行断电,提升罐笼的安全门不关闭就不能合闸开启等。

**10. 取代操作人员的原则**

在不能消除危险和有害因素的条件下,为摆脱不安全因素对工人的危害,可用机器人或自动控制器来代替人。

**11. 警告和禁止信息原则**

以主要系统及其组成部分的人为目标,运用组织和技术,如光、声信息和标志,不同颜色的信号,安全仪表,培训工人等,应用信息流来保证安全生产。

# 第二节 事故预防的方法

## 一、风险最小化方法

风险不同于危险,风险用于描述未来的随机事件,它不仅意味着危险的存在,更意味着不希望事件转化为意外事件的渠道的可能性。风险在一定程度上是可以控制的,风险是在特定的条件下,不确定性的一种表现,当条件改变的话,引起风险事件的后果,可能也会改变。因此,需要采取积极有效的措施对风险加以控制。在风险事故发生前,降低事故发生概率;在事故发生时,降低事故的严重度,也就是将损失降低到最低程度。

### (一)减少事故发生概率方法

影响事故发生概率的因素很多,如系统的可靠性、系统的抗灾能力、人为失误和违章等。在生产作业过程中,既存在自然的危险因素,也存在人为的生产技术方面的危险因素。这些因素能否转化为事故,不仅取决于组成系统各要素的可靠性,而且还受到企业管理水平和物质条件的限制。因此,降低系统事故的发生概率,最根本的措施是设法使系统达到本质安全化,使系统中的人、物、环境和管理安全化。一旦设备或系统发生故障时,能自动排除、切换或安全地停止运行;当人为操作失误时,设备、系统能自动保证人机安全。要做到系统的本质安全化,应采取以下综合措施。

**1. 提高设备的可靠性**

要控制事故的发生概率,提高设备的可靠性是基础。为此,应采取以下措施:

(1)提高元件的可靠性

设备的可靠性取决于组成元件的可靠性,要提高设备的可靠性,必须加强对元件的质量控制和维修检查,一般可采取以下几种方法:

①使元件的结构和性能符合设计要求和技术条件,选用可靠性高的元件代替可靠性低的元件。

②合理规定元件的使用周期,严格检查维修,定期更换或重建。

(2)增加备用系统

在规定时间内,多台设备同时全部发生故障的概率等于每台设备单独发生故障的概率的乘积。因此,在一定条件下,增加备用系统(设备),使每台单元设备或系统都能完成同样的功能,一旦其中1台或几台设备发生故障时,系统仍能正常运转,不致中断正常运行,从而提高系统运行的可靠性,也有利于系统的抗灾救灾。例如对企业中的一些关键性设备,如供电线路、通风机、电动机、水泵等均配置一定量的备用设备,以提高其抗灾能力。

(3)对处于恶劣环境下运行的设备采取安全保护措施

为了提高设备运行的可靠性,防止发生事故,对处于恶劣环境下运行的设备应当采取安全保护措施。如对处于有摩擦、腐蚀、侵蚀等条件下运行的设备,应采取相应的防护措施;对震动大的设备应加强防震、减震和隔震等措施;煤矿井下环境较差,应采取一切办法控制温度、湿度和风速,改善设备周围的环境条件。

(4)加强预防性维修

预防性维修是排除事故隐患、排除设备的潜在危险、提高设备可靠性的重要手段。为此,应制定相应的维修制度,并认真贯彻执行。

**2. 选用可靠的工艺技术,降低危险因素的感度**

危险因素的存在是事故发生的必要条件。危险因素的感度是指危险因素转化为事故的难易程度。虽然物质本身所具有的能量和发生性质不可改变,但危险因素的感度是可以控制的,其关键是选用可靠的工艺技术。例如在普通炸药中加入消焰剂等安全成分形成的安全炸药,放炮中使用水炮泥,井巷工程中采用湿式打眼,清扫巷道煤尘等,都是降低危险因素感度的措施。

**3. 提高系统抗灾能力**

系统的抗灾能力是指当系统受到自然灾害和外界事物干扰时,自动抵抗而不发生事故的能力,或者指系统中出现某危险事件时,系统自动将事态控制在一定范围的能力。例如为了提高煤矿生产系统的抗灾能力,应该建立健全的通风系统,实行独立通风,建立隔爆水棚,采用安全防护装置,如风电闭锁装置、漏电保护装置、提升保护装置、斜井防跑车装置、安全监测、监控装置等;矿井主要设备实行双回路供电、选择备用设备等。

**4. 减少人为失误**

由于人在生产过程中的可靠性远比机电设备差,很多事故都是由于人的失误造成的。要

降低系统事故发生概率,必须减少人的失误,主要方法有以下几种:

(1)对工人进行充分的安全知识、安全技能、安全态度等方面的教育和训练。

(2)以人为中心,改善工作环境,为工人提供安全性较高的劳动生产条件。

(3)提高矿井机械化程度、尽可能用机器操作代替人工操作,减少现场工作人员。

(4)注意用人机工程学原理进行系统设计,人机功能分配并改善人机接口的安全状况。

**5. 加强监督检查**

建立健全各种自动制约机制,加强专职与兼职、专管与群管相结合的安全检查工作。对系统中的人、事、物进行严格的监督检查,在各种劳动生产过程中都是必不可少的。实践表明,只有加强安全检查工作,才能有效地保证企业的安全生产。

### (二)降低事故严重度方法

事故严重度系指因事故造成的财产损失和人员伤亡的严重程度。事故的发生是由于系统中的能量失控造成的,事故的严重度与系统中危险因素转化为事故时释放的能量有关,能量越高,事故的严重度越大;也与系统本身的抗灾能力有关,抗灾能力越强,事故的严重度越小。因此,降低事故严重度具有十分重要的作用。目前,一般可采取的措施有以下几种:

**1. 限制能量或分散风险**

为了减少事故损失,必须对危险因素的能量进行限制。如各种油库、火药库的储存量的限制,各种限流、限压、限速设备等就是对危险因素的能量进行的限制。

分散风险的办法是把大的事故损失化为小的事故损失。如在煤矿把"一条龙"通风方式改造成并联通风,每一矿井、采区和工作面均实行独立通风,可达到分散风险的效果。

**2. 防止能量逸散的措施**

防止能量逸散就是设法把有毒、有害、有危险的能量源储存在有限允许范围内,而不影响其他区域的安全。如防爆设备的外壳、密闭墙、密闭火区、放射性物质的密封装置等。

**3. 加装缓冲能量的装置**

在生产中,设法使危险源能量释放的速度减慢,可大大降低事故的严重度,而使能量释放速度减慢的装置称为缓冲能量装置。在工业企业和生活中使用的缓冲能量装置较多。如汽车、轮船上装置的缓冲设备,缓冲阻车器以及各种安全带、安全阀等。

**4. 避免人身伤亡的措施**

避免人身伤亡的措施包括两个方面的内容,一是防止发生人身伤害;二是一旦发生人身伤害时,采取相应的急救措施。采用遥控操作、提高机械化程度、使用整体或局部的人身个体防护都是避免人身伤害的措施。在生产过程中及时注意观察各种灾害的预兆,以便采取有效措施,防止发生事故,即使不能防止事故发生,也可及时撤离人员、避免人员伤亡。做好救护和工人自救准备,对降低事故的严重度也有十分重要的意义。

## 二、人 – 机 – 环境匹配方法

工业生产作业是由人员、机械设备、工作环境组成的人 – 机 – 环境系统。作为系统元素的人员、机械设备、工作环境要合理匹配,使机械设备、工作环境适应人的生理、心理特征,才能使人员操作简便准确、失误少、工作效率高。

人 – 机 – 环境匹配问题主要包括人机功能的合理分配、机器的人机学设计以及生产作业环境的人机学要求等。机器的人机学设计主要是指机器的显示器和操纵器的人机学设计。这是因为机器的显示器和操纵器是人与机器的交接面,人员通过显示器获得有关机器运转情况的信息,通过操纵器控制机器的运转。设计良好的人机交接面可以有效地减少人员在接受信息及实现行为过程中的人失误。

（一）显示器的人机学设计

机械、设备的显示器是指一些用来向人员传达有关机械、设备运行状况的信息的仪表或信号等。显示器主要传达视觉信息,它们的设计应该符合人的视觉特性。具体地讲,应该符合准确、简单、一致及排列合理的原则。

**1. 准确**

仪表类显示器的设计应让人员容易正确地读数,减少读数时的失误。据研究,仪表面板刻度形式对读数失误率有较大影响。如图 5 - 1 所示的 5 种面板刻度形式中,以窗口形为最好,然后为圆形刻度,以下逐次为半圆形、水平及竖直形刻度。

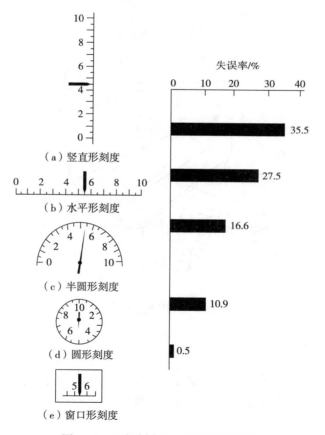

图 5 - 1　面板刻度形式与读数失误率

**2. 简单**

根据显示器的使用目的,在满足功能要求的前提下越简单越好,以减轻人员的视觉负担,减少失误。

**3. 一致**

显示器指示的变化应该与机械设备状态变化的方向一致。例如仪表读数增加应该表示机器的输出增加;仪表指针的移动方向应该与机器的运动方向一致,或者与人的习惯一致。否则,很容易引起操作失误。

**4. 合理排列**

当显示器的数目较多时,例如大型设备、装置控制台(或控制盘)上的仪表、信号等,把它们合理地排列可以有效地减少失误。一般地,排列显示器时应该注意如下问题:

(1)重要的、常用的显示器应该安排在视野中心的上、下30°范围内。这是视觉效率最高的范围。

(2)按其功能把显示器分区排列。

(3)尽量把显示器集中安排在最优视野范围内。

(4)显示器在水平方向上的排列范围可以大于在竖直方向上的排列范围,这是因为人的眼睛做水平运动比做垂直运动的速度快、幅度大。

如图5-2所示为人员坐位时最优视野范围及合理的控制台形状。在控制台的上部排列各种显示器,在中部安装各种开关,在下部排列各种操纵器。

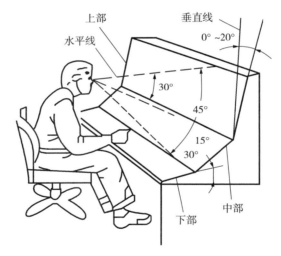

图 5-2  最优视野与控制台

## (二)操纵器的人机学设计

操纵器的设计应使人员操作起来方便、省力、安全。为此,要依据人的肢体活动极限范围和极限能力来确定操纵器的位置、尺寸、驱动力等参数。

**1. 作业范围**

一般地,按操作者的躯干不动时手、脚达及的范围来确定作业范围。如果操纵器的布置超出了该作业范围,则操作者需要进行一些不必要的动作才能完成规定的操作。这给操作者造成不方便,容易产生疲劳,甚至造成误操作。

下面分别讨论用手操作和用脚操作的作业范围。

(1)上肢作业范围。通常把手臂伸直时指尖到达的范围作为上肢作业的最大作业范围。

考虑到实际操作时手要用力完成一定的操作而不能充分伸展,以及肘的弯曲等情况,正常作业范围要比最大作业范围缩小些。上肢水平作业范围如图5-3所示。

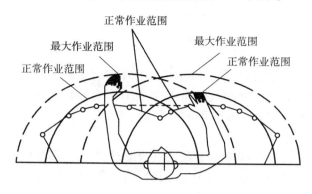

图5-3  上肢水平作业范围

(2)下肢作业范围。当人员坐在椅子上用脚操作时,脚跟和脚尖的活动范围,如图5-4所示。当椅子靠背后倾时,下肢的活动范围缩小。

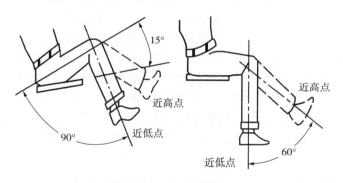

图5-4  下肢活动范围

**2. 操纵器的设计原则**

设计操纵器时,首先应确定是用手操作还是用脚操作。一般地,要求操作位置准确或要求操作迅速到位的场合,应该考虑用手操作;要求连续操作、手动操纵器较多或非站立操作时需要98N以上的力进行操作的场合,应该考虑用脚操作。然后,从适合人员操作、减少失误的角度,必须考虑如下问题:

(1)操作量与显示量之比。根据控制的精确度要求选择恰当的操作量与显示量之比。当要求被控制对象的运动位置等参数变化精确时,操作量与显示量之比应该大些。

(2)操作方向的一致性。操纵器的操作方向与被控对象的运动方向及显示器的指示方向应该一致。

(3)操纵器的驱动力。操纵器的驱动力应该根据操纵器的操作准确度和速度、操作的感觉及操作的平滑性等确定。除按钮之外的一般手动操纵器的驱动力不应超过9.8N。操纵器的驱动力并非越小越好,驱动力过小会由于意外地触碰而引起机器的误动作。

(4)防止误操作。操纵器应该能够防止被人员误操作或意外触动造成机械、设备的误运转。除了加大必要的驱动力之外,可针对具体情况采取适当的措施。例如紧急停止按钮应该

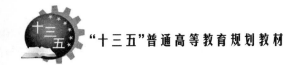

突出,一旦出现异常情况时人员可以迅速地操作;启动按钮应该稍微凹陷,或在周围加上保护圈,防止人员意外触碰。当操纵器很多时,为了便于识别,可以采用不同的形状、尺寸,附上标签或涂上不同的颜色。

（三）生产作业环境的人机学要求

许多工业伤害事故的发生都与不良的生产作业环境有着密切的关系。工业生产作业环境问题主要包括温度、湿度、照明、噪声及振动、粉尘及有毒有害物质等问题。这里仅简要地讨论生产环境中的采光照明、噪声及振动方面的问题。

**1. 采光与照明**

人员从外界接受的信息中,80%以上是通过视觉获得的。采光照明的好坏直接影响视觉接受信息的质量,许多伤亡事故都是由于作业场所采光照明不良引起的。对生产作业环境采光照明的要求可概括为适当的照度和良好的光线质量2个方面。

（1）适当的照度。在各种生产作业中,为使人员清晰地看到周围的情况,光线不能过暗或过亮。强烈的光线令人目眩及疲劳,且浪费能量;昏暗光线使人眼睛疲劳,甚至看不清东西。

（2）良好的光线质量。光线质量包括被观察物体与背景的对比度、光的颜色、眩光及光源照射方向等。按定义,对比度等于被观察物体的亮度与背景亮度的差与背景亮度之比。为了能看清楚被观察的物体,应该选择适当的对比度。当需要识别物体的轮廓时,对比度应该尽量大;当观察物体细部时,对比度应该尽量小些。炫光是炫目的光线,往往是在人的视野范围内的强光源产生的。炫光使人眼花缭乱而影响观察,因此应该合理地布置光源。

在布置光源时还要考虑视觉的适应性问题。例如汽车沿高速公路穿越长隧道的场合,白天隧道入口处照明亮度很高,向隧道深处越来越暗,出口段亮度又逐渐增加,与外界亮度差很小;夜间反之。这样可以防止司机因明暗适应来不及调节与驾驶失误。

**2. 噪声与振动**

噪声是指一切不需要的声音,它会造成人员生理和心理损伤,影响正常操作。噪声的危害主要表现在以下几个方面:

（1）损害听觉。短时间暴露在较强噪声下可能造成听觉疲劳,产生暂时性听力减退。长期暴露于噪声环境,或受到非常强烈噪声的刺激,会引起永久性耳聋。

（2）影响神经系统及心脏。在噪声的刺激下,人的大脑皮质的兴奋和抑制平衡失调,引起条件反射异常,久而久之,会引起头痛、头晕、耳鸣、多梦、失眠、心悸、乏力或记忆力减退等神经衰弱症状。长期暴露于噪声环境中会损害人的心血管系统。

（3）影响工作和导致失误。噪声使人心烦意乱、容易疲劳,造成心理紧张;分散人员的注意力,干扰谈话及通讯而引起失误。噪声还可能使人听不清危险信号而发生事故。

振动直接危害人体健康,往往伴随产生噪声,并降低人员知觉和操作的准确度,不利于安全生产。

控制噪声和振动的措施有隔声、吸声、消声、隔振和阻尼等。

## 三、安全目标的动态调整法

对于安全生产系统来说,它的总目标应该是"工伤事故为零",但前已述及,安全是一个相对的概念,在现实的客观世界中,没有绝对的安全问题,也没有绝对安全的问题。主要是由于:

一方面,随着科技与国民经济的发展及新技术产业的出现,给安全工作不断提出新的要求、新的课题,解决安全问题是没有止境的;另一方面,当前安全科学技术水平还没有达到能够消除社会生活及生产领域中所有的危险,特别是那些没有显露,没有被人们所经历过的或认识的潜在危险。因此,从总体看,可能实现的安全程度实质上是个有限的、相对的目标值。这就决定了安全目标的制定者针对客观情况变化,不断调整安全目标或安全标准;在各年度要制定一个逐步减少事故,切实可行的目标值,任何时候都不要追求绝对安全或不要提绝对安全的目标或口号,在制定安全规划时,以相对安全的指标制定安全标准。

（一）安全目标及其管理

安全目标是安全目标管理的核心部分,是企业安全生产的目标和方向,是激励企业全体员工积极性的精神支柱。它由总目标、分目标和子目标构成网络,自上而下,层层分解。

①总目标。企业为保证上级安全目标的实现,提出本企业的总目标。如发供电企业年度安全目标指控制事故和重伤、不发生人身死亡和重大事故,发电、输电、变电、配电事故率、两票合格率、两措完成率。

②分目标。车间、部、工区、公司、科室为保证企业总目标的实现而提出的分目标指控制障碍、轻伤,不发生重伤和设备事故,两票合格率、两措完成率。

③子目标。由班组和职工两部分组成。为保证车间、部、工区、公司、科室分目标的实现而提出的子目标。班组控制异常、未遂、违章,不发生障碍、轻伤。职工控制差错、缺点,不发生异常、未遂、违章。

安全目标应层层分解,做到"横向到边",企业安全总目标分解到车间、部、工区、公司、科室;"纵向到底"就是企业总目标由上而下一层一层分解,使企业每个班组、职工都有安全子目标。安全目标的制定应结合各自的实际安全状况,不能好高骛远,也不能要求太低。

安全目标管理是目标管理在安全管理方面的应用,它是指企业内部各个部门以至每个职工,从上到下围绕企业安全生产的总目标,层层展开各自的目标,确定行动方针,安排安全工作进度,制定实施有效组织措施,并对安全成果严格考核的一种管理制度。

（二）安全目标管理的特点

正是由于安全的相对性特点,导致了安全目标的相对性,并最终使得人们在进行安全目标的管理过程中需要根据社会进步程度、人们生活水平状况等对安全目标的实施进行相应的调整。因此,安全目标管理是一个以人为本、系统、动态的管理过程。其特点如下:

**1. 安全目标管理是重视人,激励人,充分调动人的主观能动性的管理**

管理以人为主体,有效地管理必须充分调动起人的主观能动性。传统的安全管理是命令指示型的管理。上级要求下级做好安全生产,但没有明确的指标要求,也缺乏具体的指导帮助,下级被动地接受指令,上级吩咐怎样做就怎样做,做什么样算什么样,没有准确评价的依据。这样的管理往往会挫伤人的积极性,只能是每况愈下的低效率管理。

安全目标管理是信任指导型的管理,它在管理思想上实现了根本的变革。因为所谓"目标"就是想要达到的目的和指标,设定目标并使之内化(不是外部加强,而是内在要求),就会激励人产生强大的动力,为实现既定目标而奋斗不息。实行安全目标管理,依靠目标的激励作用,就可以把消极被动地接受任务,变为积极主动地对实现目标的追求,从而极大地调动起人们的主

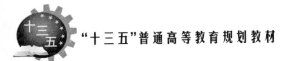

观能动性,充分发挥创造精神,全心全意地做好安全工作,大大增强安全管理工作的效能。

安全目标管理的激励作用,不但应体现在"目标"本身上,还应贯彻在管理的全部过程和所有环节中。例如安全目标要与经济发展指标结合,使之提高到等同的地位;要做到安全目标、责、权、利的统一,安全目标要与奖惩结合,实现管理的封闭;要把安全指标作为否定性的指标,达不到目标的人员不能晋级调挡,不能评先进等。简言之,既然安全目标管理是基于激励原理上的管理,就要充分利用一切激励的手段,才能充分发挥它的优越性,取得最好的效果。

**2. 安全目标管理是系统的、动态的管理**

安全目标管理的目标,不仅是激励的手段,而且是管理的目的。毫无疑问,安全目标管理的最终目的是实现系统(如一个企业)整体安全的最优化,即安全的最佳整体效应。这一最佳整体效应具体体现在系统的整体安全目标上。因此,安全目标管理的所有活动都是围绕着实现系统的安全目标进行的。

为了实现系统的整体安全目标,可以从以下几个方面着手:

(1)要制定一个既先进又可行的整体安全目标,即安全管理的总体目标。

这个总目标应该全面反映安全管理工作应该达到的要求,即它不是一个单独的目标,而是由能全面反映安全工作的若干指标,体现安全工作综合水平的目标体系。只有按照这样的要求所确定的总目标才能全面推动企业安全工作的发展,真正反映出安全工作的优劣,起到充分调动积极性的作用。

(2)总目标要自上而下的层层分解,制定各级、各部门直到每个职工的安全目标。

应纵向到底,横向到边,形成一个纵横交错、全方位覆盖的系统安全目标网络。这是因为,企业的安全总目标要依靠所有部门、全体人员共同努力才能实现。这就要求每个部门每个成员都应该在总目标下设置自己的分目标、子目标,自下而上的实现自己的目标,从而保证总目标的实现。子目标、分目标、总目标之间是局部和整体的关系,必须自下而上,一级服从一级,一级保证一级。每个部门,每个成员都应该清楚地意识到自己在整体中的位置,在保证实现上一级目标和总目标的前提下,追求自己目标的实现。

(3)要重视对目标成果的考核与评价。

安全目标管理以制定目标为起点,以实现目标为终点,只有圆满地实现了目标,才能取得最佳的整体效应,达到管理的目的。为了了解目标达到的程度,就要进行目标成果的考核评价。通过对目标成果的考核与评价,可以总结成绩,找出存在的问题,为进入下一周期的管理奠定基础。通过对目标成果的考核与评价可以明确优劣,奖优罚劣,使目标激励的作用真正落到实处。

(4)要重视目标实施过程的管理和控制。

安全目标管理强调重视人,激励人,充分调动每个部门、每个成员的积极性,但是这并不等于各自为政,放任自流,忽略整体。实现最佳的整体安全目标要求进行有组织的管理活动,要把所有的积极性集中统一起来,沿着指向目标的轨道向前运动。如果发现偏离,就应及时纠正。为此,要重视信息的收集和反馈,进行有效的指导和帮助以及必要的协调控制。总之,安全目标管理的目标不是一个静止的靶子,而是包含了为击中这个靶子所进行的一系列的动态管理控制过程。

(三)安全目标管理的步骤

安全目标管理的实施过程可分为4个阶段,即安全管理目标的制定,建立安全目标体系,安全管理目标的实施,目标的评价与考核。

**1. 安全管理目标的制定**

安全管理目标是实现企业安全化的行动指南。目标管理是以各类事故及其资料为依据的一项长远管理方法,是以现代化管理为基础理论的一门综合管理技术,必须围绕施工企业生产经营目标和上级对安全生产的要求,结合施工生产的经营特点,做科学的分析。应按如下原则制定安全目标:

(1)突出重点,分清主次,不能平均分配、面面俱到。

安全目标应突出重大事故,负伤频率,施工环境标准合格率等方面指标。同时注意次要目标对重点目标的有效配合。

(2)安全目标具有先进性,即目标的适用性和挑战性。

也就是说,制定的目标一般略高于实施者的能力和水平,使之经过努力可以完成,应是"跳一跳,够得到",但不能高不可攀,也不能低而不费力,容易达到。

(3)使目标的预期结果做到具体化、定量化、数据化。

如负伤率比去年降低百分之几,以利于进行同期比较,易于检查和评价。

(4)目标要有综合性,又有实现的可能性。

制定的企业安全管理目标,既要保证上级下达指标的完成,又要考虑企业各部门、各项目部及每个职工的承担目标能力,目标的高低要有针对性和实现的可能性,以利各部门、各项目部及每个职工都能接受,努力去完成。

(5)坚持安全目标与保证目标实现措施的统一性。

为使目标管理具有科学性、针对性和有效性,在制定目标时必须有保证目标实现的措施,使措施为目标服务,利于目标的实现。

**2. 建立安全目标管理体系**

安全目标管理涉及企业各个部门、各项目部及各单位,是关系安全生产全局的大问题,为此应建立安全目标管理体系。

(1)安全目标体系

安全目标体系就是安全目标的网络化、细分化,是安全目标管理的核心。它按企业管理层次由总目标、分目标、子目标构成一个自上而下的目标体系。企业所需要达到的安全目标为总目标,各项目部(职能科室)为完成企业总目标而导出的分目标,施工队为完成项目部分目标而提出子目标,班组和个人为完成施工队子目标提出孙目标。

(2)安全目标的内容

安全目标的内容包括安全管理水平提高目标,安全教育达到程度目标,伤亡事故控制目标,施工环境达标率提高目标,事故隐患整改完成率目标,现代化科学管理方法应用目标,安全标准化班组达标率目标,企业安全性评价目标,经理任职安全目标,各项安全工作目标。

为实现企业安全生产总目标,应将总目标分解到各职能部门和项目部,做到横向到边,纵向到底,纵横交错,形成网络,如图5-5所示。横向到边就是把企业安全总目标分解到机关各职能部门;纵向到底就是把企业总目标由上而下按管理层次分解到项目部、施工作业队、班组直到每个职工,实现多层次安全目标体系。

(四)安全目标管理的实施

(1)要把企业的安全目标列为领导任期内的目标,作为一个企业稳定生产秩序的既定方针。

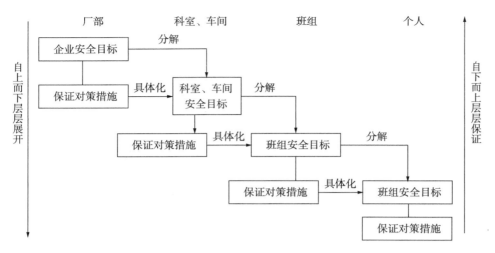

图 5-5  安全目标体系

（2）要赋予安全部门一定的职权,能保证对各职能部门实施安全目标监督检查的功能和作用。

（3）要求各职能部门对自身安全工作发挥主观能动作用,自觉地对安全管理工作进行密切的配合与协调。

（4）要明确各级安全责任制,实行安全一票否决原则以保证措施的贯彻落实。

（5）要动员人人参与管理,要有每个人的责任目标,一级抓一级,层层落实,共同保证安全目标的实施。

### （五）目标成果的考评原则

目标成果的考评是安全目标管理的最后一个阶段。在这个阶段要对实际取得的目标成果作出客观的评价,对达到目标的给予奖励,对未达目标的给予惩罚,从而使先进的受到鼓舞,使后进的得到激励,进一步调动起全体职工追求更高目标的积极性,通过考评还可以总结经验和教训,克服缺点,明确前进的方向,为下期安全目标管理的制定与实施奠定基础。目标考评的原则包括以下内容:

**1. 自我评价与上级评定相结合**

目标成果考评要充分体现自我激励的原则。要以自我评价为主,即在各个层次的评价中,首先进行自我评价。个人在班组内,班组在车间内,车间在全厂内,对照自己的目标,总结自己的工作,本着严格要求自己的精神,实事求是地对实现目标的情况作出评价。由于目标责任者对自己目标的实施过程和目标成果了解得最清楚,应该比较容易作出正确的评价。

在自我评价的基础上还要做好上级领导的评价,而且要以领导的评定结果作为最终的结果。上级评定也要注意民主协商和具体指导,就是说,在下级进行自我评价时要给以同志式的指导和帮助,启发下级客观地评价自己,正确地总结经验教训;在领导评定时要与下级充分交换意见、产生分歧时要认真听取和考虑下级的申诉,使最后评定的结果力求公正准确。在上级评定的同时,也要征求下级对自己的评价,因为目标成果的取得是上下级共同努力的结果。

**2. 重视成果与综合评价相结合**

目标成果评价应重视成果,以目标值的达到程度作为主要的依据,要用事实和数据说话,切忌表面印象。但是同时也要考虑不同组织和个人实现目标的复杂困难程度和在达标过程中的主观努力程度，还要参考目标实施的措施的有效性和单位间的协作情况。应该对所有这些方面的内容区别主次，综合评价，力求得出客观公正的结果。

**3. 奖惩与总结**

在综合评定的基础上要根据预先制定的奖惩办法进行奖惩，使先进的受到励，落后的受到激励。既要有经济上的奖惩，也要注意精神上的表彰，使达标者获得精神追求的满足，也使未达标者受到精神上的激励。

对待奖惩，上级领导一定要说话算数，兑现诺言，严格地按奖惩规定办。不能言而无信，也不能搞"照顾情绪"、"平衡关系"。否则失信于民，给下期安全目标管理造成困难。

目标考评不但应得出正确的评定结果，还应达到改进提高的目的。为此，在目标考评的全过程中要注意引导全体职工认真总结经验教训，从而发扬成绩，克服缺点，明确前进的方向。

总之，要以鼓励为主，即使对未达标者也应充分肯定其达到的目标成果和为达标所做出的努力，同时热情地帮助他们分析研究存在的问题，提出改进的措施。

## 四、安全教育与技能训练方法

安全教育与技能训练是防止职工产生不安全行为，防止人失误的重要途径。安全教育、技能训练的重要性，首先在于它能够提高企业领导和广大职工做好事故预防工作的责任感和自觉性。其次，安全技术知识的普及和安全技能的提高，能使广大职工掌握工业伤害事故发生发展的客观规律，提高安全操作技术水平，掌握安全检测技术和控制技术，做好事故预防，保护自身和他人的安全健康。

### （一）人的行为层次及安全教育

拉氏姆逊(J. Rasmussen)把生产过程中人的行为划分为 3 个层次，即反射层次的行为、规则层次的行为和知识层次的行为，如图 5-6 所示。

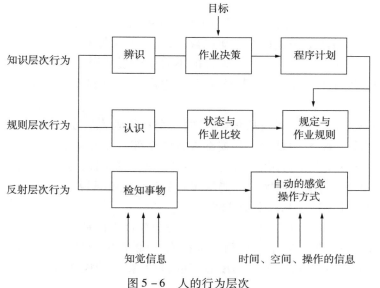

图 5-6　人的行为层次

反射层次的行为发生在外界刺激与以前的经验一致时,这时的信息处理特征是,知觉的外界信息不经大脑处理而下意识的行为,熟练的操作就属于反射层次的行为。反射层次的行为一方面可以节省信息处理时间,准确而高效地工作,以及迅速地采取措施应对紧急情况;另一方面,操作者由于不注意而错误地接受刺激,或操作对象、程序变更,仪表、设备人机学设计不合理而发生失误。

规则层次的行为发生在操作比较复杂时,操作者首先要判断应该按怎样的操作步骤操作,然后再按选定的步骤进行操作。进行规则层次的行为时,操作者可以由于思路错误或按常规办事,或由于忘记了操作程序、省略了某些操作、选错了替代方案而失误;长期的规则层次行为形成习惯操作而不用大脑思考,在出现异常情况的场合容易发生失误。

知识层次的行为是最高层次的行为。它发生在从事新工作、处理没有经历过的事情时,人们要观察情况,判断事物发展情况,思考如何采取行动,经过深思熟虑后才行动。进行知识层次的行为时,操作者受已有的知识、概念所左右,可能作出错误的假设、设想或推论,或对事故原因与对策的关系考虑不足而发生失误。设备安装、调试和检修都属于知识层次的行为。

根据生产操作特征对人的行为层次的要求,安全教育相应地有 3 个层次的教育,即反射操作层次的教育、规则层次的教育和知识层次的教育。

反射操作层次的教育(skill based education)是通过反复进行操作训练,使手脚熟练地、正确地、条件反射式地操作。

规则层次的教育(rule based education)是教育操作者按一定的操作规则、步骤进行复杂的操作。经过这样的教育,操作者牢记操作程序,可以不漏任何步骤地完成规定的操作。

知识层次的教育(knowledge based education)使操作者不仅学会生产操作,而且要学习掌握整个生产过程、生产系统的构造、工作原理、操作的依据及步骤等广泛的知识。生产过程自动化程度越高,知识层次的教育越显得重要。

在进行安全教育时,要注意针对各层次行为存在的问题,采取适当的弥补措施。

## (二)安全教育的阶段

安全教育可以划分为 3 个阶段的教育,即安全知识教育、安全技能教育和安全态度教育。

安全教育的第一阶段应该进行安全知识教育,使人员掌握有关事故预防的基本知识。对于潜藏的凭人的感官不能直接感知其危险性的不安全因素的操作,对操作者进行安全知识教育尤其重要。通过安全知识教育,使操作者了解生产操作过程中潜在的危险因素及防范措施等。

安全教育的第二阶段应该进行所谓"会"的安全技能教育。安全教育不只是传授安全知识,它是安全教育的一部分,但是它不是安全教育的全部。经过安全知识教育,操作者掌握了安全知识,但若不把这些知识付诸实践,仅仅停留在"知"的阶段,则不会收到实际的效果。安全技能是只有通过受教育者亲身实践才能掌握的东西。也就是说,只有反复地实际操作、不断地摸索而熟能生巧,才能逐渐掌握安全技能。

安全态度教育是安全教育的最后阶段,也是安全教育中最重要的阶段。经过前两个阶段的安全教育,操作人员掌握了安全知识和安全技能,但是在生产操作中是否实行安全技能,则完全由个人的思想意识所支配。安全态度教育的目的,就是使操作者尽可能自觉地实行安全技能,做好安全生产。

安全知识教育、安全技能教育和安全态度教育三者之间是密不可分的,如果安全技能教育和安全态度教育进行得不好的话,安全知识教育也会落空。成功的安全教育不仅能使职工懂得安全知识,而且能正确地、认真地进行安全行为。

(三)安全技能训练

安全技能是人为了安全地完成操作任务,经过训练而获得的完善化、自动化的行为方式。由于安全技能是经过训练获得的,所以通常把安全技能教育叫做安全技能训练。

技能是人的全部行为的一部分,是自动化了的一部分。它受意识的控制较少,并且随时都可以转化为有意识的行为。技能达到一定的熟练程度后,具有了高度的自动化和精确性,便称为技巧。达到熟练技巧时,人员可以条件反射式地行为。

在日常安全工作中经常会遇到所谓习惯动作的问题。技能与习惯动作很不相同,主要区别如下:

(1)技能根据需要可以发生或停止,随时都可以受意识的控制;而习惯动作是无目的的伴随一些行为发生的完全自动化了的动作,需要很大的意志努力和克服情绪上的不安才能控制它、停止它。

(2)技能是为达到一定目的,经过意志努力练习而成的;而习惯动作往往是无意中简单地重复同一动作而形成的。

(3)一般地,技能都是有意义的、有益的行为;习惯动作则可能有益,也可能有害。职工中的许多习惯动作是不利于安全的,必须努力克服。

安全技能训练应该按照标准化作业的要求来进行。

**1. 技能的形成及其特征**

技能的形成是阶段性的。一般地,技能的形成包括掌握局部动作阶段、初步掌握完整动作阶段、动作的协调及完善阶段,这3个阶段相互联系又相互区别。各阶段的变化主要表现在行为的结构、行为的速度和品质、以及行为调节方面。

在行为结构的变化方面,动作技能的形成表现为许多局部动作联合为完整的动作,动作之间的互相干扰、多余动作逐渐减少;智力技能的形成表现为智力活动的各环节逐渐联系成一个整体,概念之间的混淆现象逐渐减少以至消失,解决问题时由开展性推理转化为简缩性推理。

在行为的速度和品质方面,动作技能的形成表现为动作速度的加快,动作的准确性、协调性、稳定性和灵活性的提高;智力技能的形成表现为思维的敏捷性、灵活性,思维的广度和深度,以及思维的独立性等品质的提高。

在行为的调节方面,动作技能的形成表现为视觉控制的减弱和动觉控制的增强,以及动作紧张的消失;智力技能的形成表现为智力活动的熟练,大脑劳动消耗的减少。

**2. 练习曲线**

技能不是生下来就有的,是通过练习逐步形成的。在练习过程中技能的提高可以用练习成绩的统计曲线表示,这种曲线叫做练习曲线。利用练习曲线,可以探讨在技能形成过程中,工作效率、行为速度和动作准确性等方面的共同趋势。典型的练习曲线如图5-7所示。

大量的研究表明,练习的共同趋势具有如下特征:

(1)练习成绩进步先快后慢。一般情况下,在练习初期,技能提高较快,以后则逐渐慢下来。这是因为,在练习开始时,人们已经熟悉了他们的任务,利用已有的经验和方法可以进行

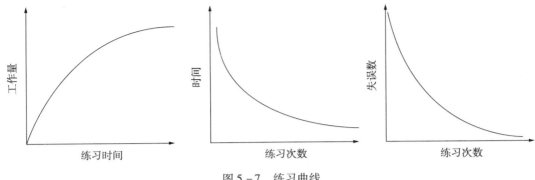

图 5-7　练习曲线

训练,而在练习的后期,任何一点改进都是以前的经验所没有的,必须付出巨大的努力。另外,有些技能可以分解成一些局部动作进行练习,比较容易掌握,在练习后期需要把这些局部动作联结成协调统一的动作,比局部动作复杂、困难,成绩提高较慢。

(2)高原现象。在技能形成过程中,在练习的中期,往往会出现成绩提高的暂时停顿现象,即高原现象。在练习曲线上,中间一段保持水平,甚至略有下降,经过高原后,曲线又继续上升,如图 5-8 所示。

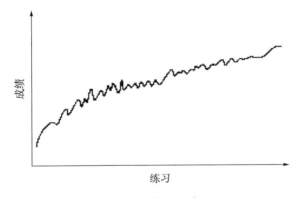

图 5-8　高原现象

产生高原现象的主要原因是,技能的形成需要改变旧的行为结构和方式,代之以新的行为结构和方式,在没有完成这一改变之前,练习成绩会暂时处于停顿状态;由于练习兴趣的降低,产生厌倦、灰心等消极情绪,也会导致高原现象。

(3)起伏现象。在技能形成过程中,一般会出现练习成绩时而上升时而下降,进步时快时慢的起伏现象。这是由于客观条件,如练习环境、练习工具、指导等方面的变化,以及主观状态,如自我感觉、有无强烈动机和兴趣、注意的集中和稳定、意志努力程度和身体状况等方面的变化,影响练习过程。

**3. 训练计划**

练习是掌握技能的基本途径。但是,练习不是简单地、机械地重复,它是有目的、有步骤、有指导的活动。在制定训练计划时,要注意以下问题:

(1)循序渐进。可以把一些较困难、较复杂的技能划分为若干简单、局部的部分,练习、掌握了它们之后,再过渡到统一、完整的行为。

(2)正确掌握对练习速度和质量的要求。在练习的开始阶段可以慢些,力求准确;随着练习的进展,要适当加快速度,逐步提高练习效率。

(3)正确安排练习时间。一般地,在练习开始阶段,每次练习时间不宜过长,各次练习之间的时间间隔可以短些。随着技能的提高,可以适当延长每次练习时间,各次练习之间的间隔也可长些。

(4)练习方式要多样化。多样化的练习方式可以提高人们的练习兴趣,增加练习积极性,保持高度注意力。但是,花样太多,变化过于频繁可能导致相反结果,影响技能形成。

## (四)提高安全教育的效果

为提高安全教育效果,应注意以下几个问题:

### 1. 用奖励的办法促进巩固学习成果

心理学家通过实验发现,对于学习效果的巩固,给予奖励比不给奖励的效果好得多。例如,在实际工作中,若某人通过学习,在生产中坚持以安全操作技术进行生产,并提高了工作效率,应该立即进行表扬和奖励。这样不仅能使他巩固学习成果,而且会对他人产生很大影响。对于那些只顾产量而不注意安全,或故意不遵守操作规程的人,即使产量高,也不应表扬和奖励,相反应该批评教育,指出正确的做法并进行示范。

### 2. 让人们了解自己的学习成果

人们都愿意知道自己从事的工作做得怎样,学习中也是这样。因此,应该把每个人学习的进展情况告知本人,给人以鼓舞激励。

在学习过程中,人会出现高原现象,出现停滞期,这时尽管努力学习,进展却很缓慢,甚至出现退步的情况。有些人会丧失勇气,使学习受到影响,此时应该告诉人们这种情况的出现是正常的,鼓励人们树立信心,坚持学习。

### 3. 反复实践

在进行安全教育中,要让人们反复地实践,养成在工作中自觉地、自动地采用安全的操作方法的习惯。

### 4. 学习内容既要全面又要突出重点

安全教育的内容应有一定的系统性,要使学习者对所学的知识有比较全面的了解。另一方面,对其中的关键部分,要重点突出,反复讲解。例如,组织职工学习安全操作规程时,如果只读一遍注意事项,效果是不会很好的。若在全面讲解的基础上,把应该注意的问题反复加以强调,效果就会好些。一些特别重要的问题在每天开始工作前提醒注意,也会收到很好的效果。

### 5. 重视初始印象

对学习者来说,初始获得的印象是非常重要的。如果初始留下的印象是正确的、深刻的,则学习者将牢牢地记住,时刻注意。

如果初始留下的印象是错误的,学习者也将会错误下去。由于旧的习惯很难改掉,所以一旦学习者学习了错误的东西并已经形成了习惯,则以后很难改正。在进行安全教育时,应该教给人们如何做,而不是只教给人们不应该做什么。

### 五、加强安全文化建设法

#### (一)安全文化的起源与发展

安全文化的概念和要求,起源于20世纪80年代的国际核工业领域。在1986年国际原子能机构召开的"切尔诺贝利核电站事故评审会"上人们提出了核安全文化的概念,1986年美国NASA机构把安全文化应用到航空航天的安全管理中,1988年美国NASA机构在其"核电的基本原则"中将安全文化的概念作为一种重要的管理原则予以落实,并渗透到核电厂以及相关的核电保障领域。其后,国际核安全咨询组在1991年编写的"75 – INSAG – 4"评审报告中,首次定义了"安全文化"的概念,并建立了一套核安全文化建设的思想和策略。

我国核工业总公司不失时机地跟踪国际核工业安全的发展,把国际原子能机构的研究成果和安全理念介绍到我国。1992年《核安全文化》一书的中文版出版。核安全文化模式迅速与中华民族传统文化相结合。"安全文化"一词在中国一出现,其范畴和范围便得到发展,企业安全文化发展成了具有中国特色的全民安全文化。1993年,我国劳动部部长李伯勇同志指出:"要把安全工作提高到安全文化的高度来认识。"在这一认识基础上,我国的安全科学界把这一高技术领域的思想引入了传统产业,把核安全文化深化到一般安全生产与安全生活领域,从而形成了一般意义上的安全文化。

#### (二)安全文化对事故预防的作用

DeJoy在他2004年获得利宝互助保险安全论文奖的论文中指出,安全文化与安全行为遵循如图5 – 9所示的关系。他指出安全文化从组织的管理层开始向下传播,从管理层开始逐步影响一线员工减少不安全行为,达到少出事故的目的。

图5 – 9  安全文化与安全行为的关系

行为安全"2 – 4"模型能够比较清楚地看出,安全文化通过影响组织的安全管理体系来影响组织成员的习惯性行为,最终影响其操作动作和物态,起到事故预防的作用。所以,安全文化对安全管理即事故预防的作用是很明显的,如图5 – 10所示。

企业人员经常说安全文化(或者文化)是企业管理(含安全管理)的软实力,根据行为安全"2 – 4"模型,安全文化是企业事故发生的根本原因,所以事实上可以说,改善安全文化是事故

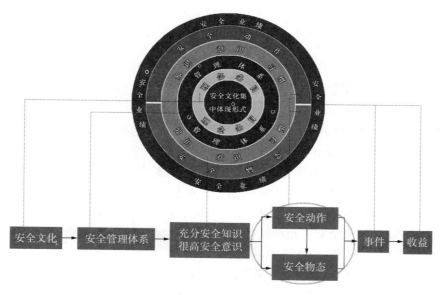

图 5 - 10　安全文化的具体作用

预防的根本力量,而不仅仅是软实力。

### (三)安全文化定义

从 20 世纪 80 年代末开始,安全文化被广泛研究,人们从不同角度对安全文化进行了三四十种定义。

比较国内外的这些安全文化,它们内容中包含的与安全相关的元素比较见表 5 - 1。表 5 - 1 中第 1 ~ 7 栏的元素基本是组织安全业务指导思想层面的内容,这些内容由组织成员来体现,并为全体成员共有。第 8 ~ 11 栏的元素可以理解为这些指导思想的作用结果。这样,按照对国内外定义的综合分析所得到的安全文化的组织性、思想的指导性、分离性和专业性特点,可以给出安全文化的简单定义,即安全文化就是安全理念的集合。

表 5 - 1　国内外安全文化定义中的安全元素比较

| 序号 | 1 | 2 | 3 | 4 | 5 | 6 | 7 | 8 | 9 | 10 | 11 |
|------|------|------|------|------|------|------|------|------|------|------|------|
| 国外 | 性格特点 | 态度 | 信仰 | 感觉 | 观念 | 价值观 | 重视程度 | 能力 | 行为方式 | | |
| 国内 | 道德 | 态度 | 理念 | 认知 | 观念精神 | 价值观 | 思维程度 | 能力 | 行为方式判断标准 | 物态 | 制度安全体系 |
| 归纳 | 指导思想(安全理念) | | | | | | | | 指导思想的指导结果 | | |

安全理念是由组织成员个人所表现,为组织成员所共同拥有,是组织整体安全业务(工作)的指导思想。其表现形式可以是性格特点、态度、信仰、观念、认识、认知、价值观等表 5 - 1 中第 1 ~ 7 栏中所列以及未列但含义类似的名词或者形式(如愿景、宗旨、方针等)之一。无论表现形式是表 5 - 1 中第 1 ~ 7 栏中的什么,其作用只有一个,那就是对组织安全工作的指导或者支配作用。根据行为安全"2 - 4"模型,组织成员对安全理念认识越透彻,理解越深刻,就越重

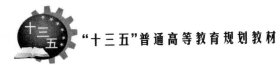

视安全,安全管理体系就越好,员工的安全意识就越强,行为、物态就越安全,安全业绩也就会越好(事故率和事故发生概率越低),所以组织成员对安全文化理念的理解(安全文化的水平)对于预防事故最为重要。

### (四)安全文化元素及其作用

**1. 安全文化元素**

安全文化就是安全理念的集合,它是组织安全业务的一套指导思想,是组织层面的问题,是专业名词,和通常使用的"文化"截然不同。但是要使安全文化真正起到降低组织事故率的作用,仅有定义是不够的,还需要将安全文化(安全理念)的内容具体化,也就是需要找到安全文化的组成元素,即理念条目(表 5 – 1 中列出的是安全元素,即与安全相关的各个事项,不是安全文化元素)。国内外很多学者,如 Zohar 从 1980 年就开始进行了大量的研究,目标都是找到安全文化的具体内容(安全文化元素),并建立其数值与组织的事故率之间的明确数量关系,以预防事故。这方面的研究已经持续了 30 多年。

加拿大 Stewart 的安全文化元素表(即集合)是值得推荐的。他所使用的方法是企业定量、定性观察法,他研究了北美地区 5 个安全业绩先进的企业和 5 个安全业绩较差的企业,得到的结论是,安全业绩先进的企业都共同拥有一些(安全文化)元素,而且企业员工对这些元素的理解程度都很深,而安全业绩较差企业员工的理解程度却很差。由此形成了包含 25 个元素的安全文化元素表。中国矿业大学傅贵及其研究团队根据我国实际情况对其安全文化元素表进行了修改,将元素表中的元素增加到了 32 个,见表 5 – 2。当然,表 5 – 2 所列的并不是安全文化唯一的元素集合,只是研究进程中的一个进展。然而,表 5 – 2 所列的是对企业安全业绩有关键影响的要素,可以作为企业在现阶段进行安全文化建设的明确内容。

表 5 – 2　安全文化元素表

| 元素号码 | 元素 | 元素号码 | 元素 | 元素号码 | 元素 | 元素号码 | 元素 |
|---|---|---|---|---|---|---|---|
| 1 | 安全的重要度 | 9 | 安全价值观的形成 | 17 | 安全会议质量 | 25 | 设施满意度 |
| 2 | 一切事故均可预防 | 10 | 领导负责程度 | 18 | 安全制度形成方式 | 26 | 安全业绩掌握程度 |
| 3 | 安全创造经济效益 | 11 | 安全部门作用 | 19 | 安全制度执行方式 | 27 | 安全业绩与人力资源的关系 |
| 4 | 安全融入管理 | 12 | 员工参与程度 | 20 | 事故调查的类型 | 28 | 子公司与合同单位安全管理 |
| 5 | 安全决定于安全意识 | 13 | 安全培训需求 | 21 | 安全检查的类型 | 29 | 安全组织的作用 |
| 6 | 安全的主体责任 | 14 | 直线部门负责安全 | 22 | 关爱受伤职工 | 30 | 安全部门的工作 |
| 7 | 安全投入的认识 | 15 | 社区安全影响 | 23 | 业余安全管理 | 31 | 总体安全期望值 |
| 8 | 安全法规的作用 | 16 | 管理体系的作用 | 24 | 安全业绩对待 | 32 | 应急能力 |

注:表中所列的是 32 个安全文化元素,测量时,测量组织成员对每个元素的认识程度越高,分数就越高。

**2. 安全文化元素的作用**

前面已经把安全文化定义为安全理念的集合,也给出了安全文化元素,即理念的条目。下面将逐条介绍每条理念对安全业绩的作用(理念的作用原理),其实每条安全理念即安全文化的作用原理都是"态度决定行为",但每条理念都有不同的"决定"方式,所以还需分别阐述。

(1)安全的重要度

安全的重要度就是对安全的重视程度,就是组织成员对安全与生产之间关系的理解,也是对我国安全生产方针"安全第一,预防为主,综合治理"的理解程度。理解程度越高,员工越会在工作、决策之前重视安全。我国许多重特大事故就是由于轻安全、重效益,没有首先考虑安全问题所导致的。在实践中,一些人对安全、质量、效率、产量、效益等指标之间的关系认识不清,他们认为生产的最终目的是效益最大化,追求经济效益可以暂时不考虑安全。其实,没有了安全、生命和自由,效益就没有意义。所以,必须首先考虑安全。

(2)一切事故均可预防

此理念还可表达为"零事故是可以实现的"等多种形式的零事故理念。其作用原理是,员工认识到一切事故都可以预防,那么他就会重视细节,扎实工作,尽一切努力预防事故,兢兢业业做好一切预防工作。根据安全累积原理,微小事情做得好意味着重大事故发生的概率在降低,所以该理念对事故预防来说十分有效。对员工进行培训时可用的解释方法有:①根据海因里希、美国杜邦公司等机构提出的绝大部分事故是由人的不安全动作所引起的,而根据行为安全"2-4"模型等事故致因理论,人的动作是可以控制的,所以事故是可以预防的;②举出大量的事故案例来说明事故的可预防性。例如,2008 年 4 月 28 日胶济铁路火车相撞事故,如果不超速驾驶该事故就可以避免;2008 年汶川地震过程中,桑枣中学叶志平校长主持的房屋加固、应急演练等措施预防了地震伤亡,该校师生在八级地震中存活了下来;2003 年开县的中石油钻场,如果工程师不拆掉钻具上的回压阀、改变钻具组合,就不会发生导致 243 人死亡的井喷事故。其实,几乎所有事故的原因分析中都有"如果",去掉这些"如果",几乎所有事故都不会发生,所以说,"一切事故均可预防"不是不可信的;③如果员工对本条理念仍存怀疑,则可以请他们举出不能预防的事故的真实实例,如果举下出来(事实上是举不出来的),那就只能相信一切事故均可预防。

在实践中存在的一个难点是,有的高层管理人员也不愿意接受这个理念,更不愿意向员工灌输这种思想。原因是如果认为一起事故可以预防,那么出了事故意味着管理者没能预防事故,责任大,压力大。不灌输这条理念,根据它的作用原理更容易出事故,而出了事故,管理者无论如何也脱不了干系,责任更大,所以应当灌输它,减少事故。而且一切事故都可以预防并不是说短时间内就可以实现零事故,零事故是一个长期的努力过程。

(3)安全创造经济效益

该理念的作用原理是,如果认为安全创造经济效益,那么员工就会主动创造安全业绩,积极预防事故,否则赔本的买卖是没人主动去做的。"主动"二字对于安全工作来说至关重要。本条理念的解释方法有:①批驳这样的观点,即安全状况很差时,安全投入大幅减少事故,大幅降低生产成本,投入有净收益;安全状况提高到一定程度时,安全投入继续增加,事故率降低是有限的,节省的资金已经不能抵偿投入的资金,安全投入产生负的净收益,有人还画出了坐标图来表达这个思想,即从收益角度来说,安全投入存在最佳值。其实到目前为止,所画出的坐标图都仅限于没有数据的定性坐标图,没人给出有数据的定量坐标图,所以最低点事实上是找不到的,也就是说,不顾人的生命而依据净效益确定安全投入是一种荒唐做法;②阐述安全业绩节省事故损失的事实。据加拿大统计,大小伤害事件平均来说,每起事件大约造成 5.9 万加

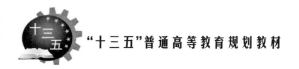

元的直接经济损失(约合人民币 40 万元);③阐述安全创造收益的几个积极方面,如改善安全状况能通过提高劳动生产率产生经济效益,能降低工伤保险费率和保费总额,能为企业赢得更多订单,进入国际市场等,所以安全(业绩)就是效益,安全创造经济效益不是一句空话。我国各个企业实行的风险抵押做法,实际上也是安全创造效益的一种方式。

(4)安全融入管理

该理念中的"管理"二字实际就是做事情的意思,既包括组织的管理,也包括个人的管理。其作用原理是,做任何事情首先考虑安全才能够实现安全。一切事情都定下来后再考虑安全,就太晚,我国的"三同时"制度所反映的就是这一原理,可以用案例来解释。

(5)安全主要决定于安全意识

安全意识指的就是发现危险源、及时处理危险源的能力。意思是说,安全主要决定人的知识水平(有知识才能发现危险源,有知识才能知道不及时处理危险源的危险)、行为方式,而不是仅仅决定于物或硬件设施、技术水平。所以预防事故的重点是要解决人的习惯性行为和操作动作、其次才是解决物的不安全状态。

(6)安全的主体责任

该理念主要是说,无论单位还是个人,安全工作是自己的事而不是别人的事。如果不把安全当成自己的事情来做,那么安全就做不好。或者说,安全做不好,很大原因是没把安全当成自己的事情来做。对于企业来说,政府是外部,对于企业各部门来说,上级领导和安全部门是外部,对于员工个人来说,他的领导和别人都是外部。外部的监察、检查等是外因,外因必须通过内因而起作用,内部没有做到安全工作的积极性,无论安全制度多好,要求多么严格,安全也是做不好的。我国安全生产法规定企业负责人是安全生产第一责任人,就是要求企业切实负起安全责任,保护自己的员工,而且企业应知道自己的安全措施需求,能够调动自己的资源,知道自己的员工对于企业发展的重要性,有保护自己员工的积极性,能够把安全工作做好。对于企业内的各部门、员工个人也是同样的道理。重要的是,"外部"怎样使"内部"认识到这一理念,认识得越深刻,安全业绩越好。美国杜邦公司指出,安全是每个人的责任,所以其安全业绩非常好。

(7)安全投入

安全投入是指在预防事故方面所投入的一切费用,主要包括安全设备仪器、安全培训、安全活动和安全奖励资金等费用。我国政府对于煤矿等行业有安全投入规定。执行规定是最基本的,也是实现安全的必要条件,但不是充分条件。安全投入应该以风险为基础(risk - based),不管已经投入了多少,只要有危险源,就应该继续投入,直至安全条件具备为止,此时才能实现作业安全。

(8)安全法规的作用

该理念的含义是,安全法规是实现安全的必要条件而不是充分条件,要实现安全作业,安全条件必须超出法规的要求。安全法规是经验教训换来的,必须严格遵守和执行,否则不能实现安全作业。一次违法(章)就可能出现大事故,认识到这些,对实现安全作业会有帮助。

(9)安全价值观形成

价值观就是关于事项的重要性的看法,安全价值观是关于安全问题的重要性的看法。组织安全价值观的形成,就是组织的员工对安全相关问题的重要性看法的一致性。一致性越高,工作越容易开展,安全业绩也就越好。例如,安全违规罚款,罚款的人是为保证被罚款人的安全而罚款,如果被罚款人不这样认为,罚款执行就有困难,这说明被罚款人和罚款人的价值观是不一致的,也说明他们所在组织尚未形成一致的价值观。

(10)管理层的负责程度

管理层越负责,越以身作则,安全性就越好。虽然每个人都是管理者(一线员工是自己和自己工作的管理者),但这里主要指组织的管理层。管理层掌握资源,是团队领导,是员工的榜样,所以管理层的举动是有影响力的,这和古代元帅带兵打仗,元帅必须身先士卒是一个道理。

(11)安全部门的作用

安全部门在安全方面起顾问、组织、协调、咨询作用,其他部门保证安全的责任是各个部门自己承担,不是安全部门。传统企业可能这样划分安全责任,如果安全部门没有发现隐患而导致事故,安全部门对事故负责;安全部门发现了隐患,业务部门没有妥善处理而导致事故,业务部门对事故负责。这将导致安全部门压力大,其他业务部门不重视安全问题。这样最终容易导致企业不安全。把安全部门比喻成医院或者医生可能比较恰当,得了病(出事故)不能怪医生(安全部门)。

(12)员工参与程度

该理念指员工参与安全决策,对安全的好处是,安全规定更加合理全面,员工充分理解安全规章的好处、作用和缘由,遵守规章的积极性会提高,更有利于安全。

(13)安全培训需求

安全培、训练的作用是在个人层面上解决行为安全"2-4"模型中事故的间接、直接原因,其作用不言自明。该理念可以反映以往培训工作的有效性,原因是培训越有需求,说明以往的培训工作越有效,否则是无效的。蕴含的道理是,越有知识的人越知道知识缺乏,知识越少的人越没有学习的主动性。

(14)直线部门负责安全

该理念与安全的主体责任、安全部门的工作相关。意思是说,各个部门、各个子公司等安全要靠自己负责,责任不在安全部门。各部门越主动做好自己的安全工作,组织整体的安全业绩才会越好,外因通过内因才会起作用。

(15)社区安全影响

社会组织的业务活动总会对社区安全健康造成影响,如施工活动产生的粉尘污染农作物,组织的交通运输会威胁周边居民的交通安全,化学物质污染等也类似。关注社区安全不仅反映了企业的社会责任,而且反映了组织员工的安全意识。认识到了说明安全意识高,利于安全。

(16)安全管理体系的作用

管理体系的作用在行为安全"2-4"模型中已经表达为事故的根本原因,所以建立它、彻底执行它的作用已经很明显。但是很多传统企业的管理者及安全管理者并没有深刻认识到它的作用,总是努力寻找所谓的更有效的方法。其实最有效的方法并不存在,如果说存在,那么它就是按照管理体系的要求扎实做好每件日常工作。管理体系要求,按照体系文件的要求工作,工作的实际做法要写入管理体系文件,体系执行要有记录,要求用方针、目标、程序来系统化地管理企业安全,这样才能实现持续改进。只有能够认识到体系的作用,才会有好的安全管理体系,才能持续改进事故预防效果。

(17)安全会议质量

该理念的原理和第13条"安全培训需求"相近,会议质量越好,人们越是需要。会议的多少、会议中安全事务的位置,既反映了对安全的重视程度,也反映了安全业绩的优劣。

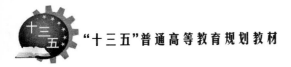

（18）安全制度形成方式

该理念反映的是安全制度的形成方式。如果以系统性的文件形式形成,则质量较高,如果只靠口头讲话,则不可能形成完整的安全制度,安全状况也不会好。该理念与第16条"安全管理体系的作用"相近。

（19）安全制度的执行方式

该理念主要是说,安全制度的执行必须具有一致性。例如,罚款,只要情况相近,罚款标准就要一样。如果按照人际关系的亲疏远近差别执行,则安全业绩就不会好。

（20）事故调查的类型

该理念反映的是安全累积原理。很多企业只调查有人员死亡的大事故,而对小事故、事件则视而不见,这就不利于安全。一切事故都调查,对于安全业绩的提升是很有好处的。

（21）安全检查的类型

安全检查如果是系统化、有准备地进行的,则对安全业绩有帮助,随意检查不利于安全。

（22）关爱受伤职工

关爱受伤员工更能使他们认识到生命、健康的价值,可使人们更加重视安全问题,利于安全业绩的提高。同时,关爱受伤员工,尽快使他们返回工作岗位,本身也是安全工作、安全业绩的一部分。

（23）业余安全管理

人力资源是组织最宝贵的资源,涉及组织的经营业绩。业余安全中的员工也需要受到保护。更重要的是,业余安全中员工的行为方式、安全意识与工作中的行为方式和安全意识是相互影响的,事故致因也是相同或者相近的。某安全工作做得好的员工在旅行中、家里都表现了很高的安全意识,具体做出了安全动作,可想而知,反过来也是一样的。目前我国的绝大多数企业对员工业余安全还没有给予充分的重视。关于业余安全,仅仅告诉员工"注意安全"是不够的,要有具体的事故、人员的活动规律、危险源等统计工作和数字,有具体的安全忠告,和工作安全一样管理才能取得好的效果。安全业绩好的企业对员工家庭安全十分重视。

（24）安全业绩的对待

安全业绩要有实质性的奖惩措施与之对应,这样利于安全业绩的提高。企业常用的做法是发奖金、罚款等,但很少有企业以安全业绩决定员工的职级(安全专业人员除外),在我国,职级才是实质性的鼓励措施。

（25）设施满意度

该理念与第31条"总体安全期望值"相似。对于设施的安全性越不满意,则安全意识越高,安全需求越大,安全业绩就越好。

（26）安全业绩的掌握程度

组织员工掌握本组织、同行业、国内外的安全业绩程度不同,组织的安全业绩也不同。了解越多,能力越强,安全期望也越高,安全工作动力越大,安全业绩就会越好。

（27）安全业绩与人力资源的关系

依据安全能力决定新员工的雇用,依据安全业绩决定老员工的职级提升,有利于安全业绩的提高。

（28）子公司与合同单位安全管理

子公司、合同单位的安全管理都是组织安全业务的一部分。在法律上,安全责任有基本界定,但是在实践中,对子公司、合同单位要实行相同的标准。一方面,组织任何部分的安全都相互影响;另一方面,子公司、合同单位的安全业绩统计也是本单位的一部分。

（29）业余安全组织的作用

业余安全组织指的是组织部分员工自发形成的各种非正式组织,如安全学习小组等。这些业余组织会对组织的安全起到一定的辅助作用。但这些组织的活动需要有本组织安全专业人员的指导,以免脱离本组织的管理思想和安全科学轨道。业余组织的活动组织得越好,安全业绩就越高。

（30）安全部门的工作

安全部门相当于医院或者医生,居民得病不能怪医生,但是医生也要有较高的医术才利于居民健康。各部门出了事故不能责怪安全部门,但是安全部门也必须具有较高的业务水平,必须能够提供高质量的顾问、组织、协调、咨询作用,才有利于企业的安全工作。

（31）总体安全期望值

总体安全期望值越高,安全业绩越好。

（32）应急能力

应急能力是组织员工安全能力的综合反映,应急能力强,则安全状况好。按照事先计划处理应急、逃生,说明应急预案及其执行有效。

（五）安全文化建设的内容

在清楚地定义安全文化并将其具体化为安全文化元素（理念条目）之后,就可以明白,所谓安全文化建设,实际上只是提高组织成员对安全文化元素的理解程度,所以建设内容也是非常简单和容易理解的。建设内容是理念条目建设和载体建设。

理念条目的含义和作用在各个组织没什么不同,所以组织创造安全文化特色,在理念条目、内容上追求特色,大体是徒劳的。组织也没必要试图建设"核""煤炭""建筑"等具行业特色的安全理念,它们是不存在的,否则切尔诺贝利核事故也不可能引发所有行业都重视的安全文化研究。组织也不可能清楚地将安全文化区分为理念文化、制度文化、物质文化、行为文化等,这些不同文化的提法在理论上也不是正确的,安全文化是一个专业名词,它只是组织安全业务的指导思想。只是理念、思想和认识层面的东西,所以不是制度、物态、行为方式等（它们是安全文化的指导结果）。之所以要建设,是因为目前理念条目在世界范围内还不完全确定,表5-2所示的安全文化元素表来自企业安全管理实践的观察,又用于指导安全实践且创造了安全业绩,是比较可靠的,安全文化的主要元素已经包含在其中,在实践中基本够用。但表5-2并不是完全确定和唯一的安全文化元素表,还有可完善的方面,各个研究机构、企业的理念条目数量和名称也会略有差异。理念条目建设具有一定的基础研究性质,有条件的组织可以做一些研究工作,促进理念条目的进一步成熟与稳定,供所有社会组织使用。就我国大多数企业目前的实际情况来讲,并不具有研究条件,使用表5-2的安全文化元素即可。

关于安全文化载体建设中,载体就是用不同的外在形式把安全文化元素的含义表达出来,使人们容易记忆、理解安全文化元素。载体形式有安全文化手册、展览板、动画、工装、文具、雕塑、主题公园、文艺节目、安全活动等各种形式,一些单位为安全文化系统取的名字也是安全文化载体,如兖州矿业集团兴隆庄煤矿的"鼎文化"、济三煤矿的"3+6文化"、枣庄矿业集团高庄煤矿的"360°文化"等。无论载体形式有多少,目标只有一个,那就是提高组织员工对安全文化

第五章 事故预防理论

109

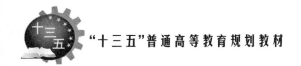

元素(理念)的理解程度,原因是它们是组织安全业绩的关键影响因素。所以,所有安全文化载体必须用清楚、明确、生动的形式表达出安全文化理念及其含义,否则这个载体的应用效率就不能算很高,甚至无用。

## 六、失误和不安全行为控制方法

### (一)人失误及其控制方法

**1. 人失误定义及其分类**

(1)人失误的定义

按系统安全的观点,人也是构成系统的一种元素。当人作为一种系统元素发挥功能时,会发生失误。人失误这一名词的含义比较含蓄而模糊。人们对它做了种种定义,对其含义加以解释。其中,比较著名的论述可以列举下面两种:

① 皮特(Peters)定义人失误为,人的行为明显偏离预定的、要求的、希望的标准,它导致不希望的时间拖延、困难、问题、麻烦、误动作、意外事件或事故。

② 里格比(Rigby)认为,所谓人失误,是指人的行为的结果超出了某种可接受的界限。换言之,人失误是指人在生产操作过程中,实际实现的功能与被要求的功能之间的偏差,其结果可能以某种形式给系统带来不良的影响。根据这种定义,斯文(Swain)等人指出,人失误的发生有2个方面的原因:由于工作条件设计不当,即规定的可接受的界限不恰当,超出了人的能力范围造成的人失误,以及由于人的不恰当的行为引起的人失误。

综合上面两种论述,人失误是指人的行为的结果偏离了规定的目标,或超出了可接受的界限,并产生了不良的后果。

从系统可靠性的角度,人作为系统元素也有个可靠性的问题。当人在规定的条件下、规定的时间内没有实行规定的功能时,则称发生了人失误。

关于人失误的性质,许多专家进行了研究。其中,约翰逊(W. G.. Johnson)关于人失误问题作了如下的论述:

① 人失误是进行生产作业过程中不可避免的副产物,可以测定失误率。

② 工作条件可以诱发人失误,通过改善工作条件来防止人失误较对人员进行说服教育、训练更有效。

③ 关于人失误的许多定义是不明确的,甚至是有争议的。

④ 某一级别人员的人失误,反映较高级别人员的职责方面的缺陷。

⑤ 人们的行为反映其上级的态度,如果凭直觉来解决安全管理问题,或靠侥幸来维持无事故的记录,则不会取得长期的成功。

⑥ 惯例的编制操作程序的方法有可能促使失误的发生。

(2)人失误的分类

在安全工程研究中,人们为了寻找人失误的原因,以便采取恰当措施防止发生人失误,或减少人失误发生概率,对人失误进行了分类。人失误分类方法有很多,其中下面一些分类方法比较常用。

①按人失误原因分类

里格比按人失误原因把人失误分为随机失误、系统失误和偶发失误3类。

A. 随机失误(Random Error)。随机失误是由于人的行为、动作的随机性质引起的人失误。例如,用手操作时用力的大小、精确度的变化,操作的时间差,简单的错误或一时的遗忘等。随机失误往往是不可预测、在类似情况下不能重复的。

B. 系统失误(System Error)。系统失误是由于系统设计方面的问题或人的不正常状态引起的失误。系统失误主要与工作条件有关,在类似的条件下失误可能发生或重复发生。通过改善工作条件及职业训练能有效地克服此类失误。系统失误又有两种情况:

a. 工作任务的要求超出了人的能力范围。

b. 操作程序方面的问题。在正常作用条件下形成的下意识行为、习惯使人们不能适应偶然出现的异常情况。

C. 偶发失误(Sporadic Error)。偶然失误是一些偶然的过失(Fanx pas)行为,它往往是设计者、管理者事先难以预料的意外行为。许多违反安全操作规程、违反劳动纪律的行为都属于偶发失误。

应该注意,对人失误的分类有时不是很严格的,同样的人失误在不同的场合可能属于不同的类别。例如,坐在控制台前的一名操作工人,为了扑打一只蚊子而触动了控制台上的启动按钮,造成了设备误运转,属于偶发失误。但是,如果控制室里蚊子很多,又无有效的灭蚊措施,则该操作工人的失误应属于系统失误。

②按人失误的表现形式分类

按人失误的表现形式,把人失误分为3类:

A. 遗漏或遗忘(omission)。

B. 做错(commission),其中又可分为以下几种情况:弄错、调整错误、弄颠倒、没按要求操作、没按规定时间操作、无意识的动作、不能操作。

C. 进行规定以外的动作(extraneous acts)。

③按人失误发生的阶段分类

按人失误发生在生产过程的阶段,把人失误分成6类:

A. 设计失误。在工程或产品设计过程中发生的人失误,如设计计算错误、方案错误等。

B. 操作失误。操作者在操作过程中发生的失误,是人失误的基本种类。

C. 制造失误。制作过程中技术参数不符、用料错误、不符合图纸要求等。

D. 维修失误。错误地拆卸、安装机器、设备等维修保养失误。

E. 检查失误。漏检不合格的零部件,或把合格的零部件当成不合格处理。

F. 贮存、运输失误。没有按照厂家要求那样贮存、运输物品。

**2. 信息处理过程与人失误**

按照人失误的定义,人失误将以某种方式给系统带来不良影响。从事故预防的角度,我们更关心那些可能导致伤亡事故的人失误,研究它们的产生原因和预防方法。

人的行为失误其实质是人的信息处理的失误,即对外界刺激(信息)的反应失误。威格里沃思(Wiggleworth)曾经指出,人失误构成了所有类型伤害事故的基础。他把人失误定义为"错误地或不适当地回答一个外界刺激"。在生产操作过程中,各种刺激不断出现,若操作者对刺激作出了正确、恰当的回答,则事故不会发生。如果操作者的回答不正确或不恰当,即发生失误,则有可能造成事故。如果客观上存在着发生伤害的危险,则事故能否造成伤害取决于各种机会因素,即伤害的发生是随机的。威格里沃恩事故模型如图5-11所示。

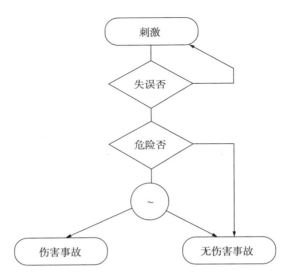

图 5 - 11   威格里沃思模型

以下介绍 2 种从信息处理过程的角度阐述人失误发生机理的模型。

（1）莎莉模型

莎莉（Surry）假设由于人的行为失误造成危险出现；在危险当前的情况下，由于人的失误导致危险释放，造成伤害或损坏。于是，她把伤亡事故发展过程划分为危险出现和危险释放（造成伤害）2 个阶段；每个阶段都涉及人的信息处理过程。她着重考虑了信息处理过程中的如下环节：

①危险的警告。在生产现场是否有关于危险即将出现或危险即将释放的警告（信息、刺激）。

② 知觉警告。人员是否知觉了关于危险即将出现或危险即将释放的警告。

③ 认识警告。在已经知觉了警告的情况下是否认识了警告，即是否理解了警告的含义，认识到危险即将出现或危险即将释放。

④ 认识回避。在认识了警告的情况下是否认识到需要采取措施回避危险。

⑤决心回避。在认识到需要回避危险的情况下是否决心采取措施回避危险。

⑥回避能力。能否成功地采取措施回避危险。

信息处理过程中的每个环节的失误都使情况恶化，造成危险出现或危险释放（如图5 - 12）。

由图 5 - 12 可以看出，在人的信息处理过程中有很多发生失误而导致事故的机会。该模型适用于描述危险局面出现得比较缓慢，如不及时改正则有可能发生事故的情况下，人员的信息处理过程与伤害事故之间关系。即使对于描述发展迅速的事故，也具有一定的参考意义。

（2）金矿山人失误模型

劳伦斯（Lawrence）在威格里沃思和莎莉等人的人失误模型基础上，提出了金矿山中以人失误为主的事故原因模型。图 5 - 13 为该模型的示意图。

在矿山生产过程中可能有某种形式的信息，警告人员应该注意危险的出现。

对于在生产现场的某人（行为人）来说，关于危险出现的信息叫做初期警告。如果在没有

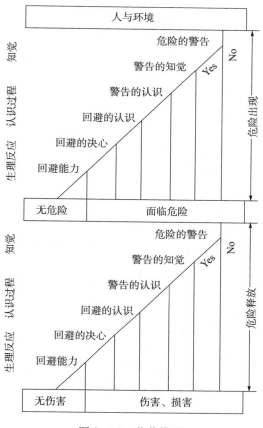

图 5 – 12　莎莉模型

关于危险出现的初期警告的情况下发生伤害事故,则往往是由于缺乏有效的检测手段,或者管理人员事先没有提醒人们存在着危险因素,行为人在不知道危险的情况下发生的事故,属于管理失误造成的事故。在存在初期警告的情况下,人员在接受、识别警告,或对警告作出反应方面的失误都可能导致事故。

①接受警告失误。尽管有初期警告出现,可是由于警告本身不足以引起人员注意,或者由于外界干扰掩盖了警告、分散了人员的注意力,或者由于人员本身的不注意等原因没有感知警告,因而不能发现危险情况。

②识别警告失误。人员接受了警告之后,只有从众多的信息中识别警告、理解警告的含义才能意识到危险的存在。如果工人缺乏安全知识和经验,就不能正确地识别警告和预测事故的发生。

③对警告反应失误。人员由于低估了危险性将对警告置之不理,因此对危险性估计不足也是一种失误,一种判断失误。除了缺乏经验而作出不正确判断之外,许多人往往麻痹大意而低估了危险性。即使在对危险性估计充分的情况下,人员也可能因为不知如何行为或心理紧张而没有采取行动,也可能因为选择了错误的行为或行为不恰当而不能摆脱危险。

人员识别了警告而知道了危险即将出现之后,应该采取恰当措施控制危险局面的发展,或者及时回避危险。为此,应该正确估计危险性,选择采取恰当的行为及实现这种行为。

第五章　事故预防理论

**113**

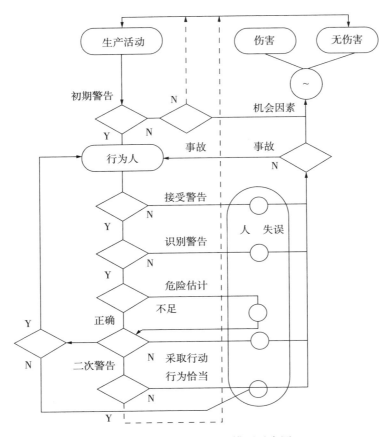

图 5 - 13　金矿山人失误模型示意图

④二次警告。矿山生产作业往往是多人作业、连续作业。行为人在接受了初期警告、识别了警告,并正确地估计了危险性之后,除了自己采取恰当的行为避免事故外,还应该向其他人员发出警告,提醒他们采取防止事故措施。行为人向其他人员发出的警告叫做二次警告。在矿山生产过程中,及时发出二次警告对防止伤害事故也是非常重要的。如果行为人没有发出二次警告,则行为人发生了人失误。

矿山生产,特别是其中的采掘作业,与其他工业部门的生产作业不同,威胁人员安全的主要危险来自于自然界的环境。与控制人造的机械设备和人工环境的危险性相对比,人控制自然的能力是很有限的。许多情况下,人们唯一的对策是迅速撤离危险区域。因此,为避免发生伤害事故,人们必须及时发现、正确估计危险,采取恰当的行动。劳伦斯的金矿山人失误模型正确地反映了矿山生产过程中人失误的特征。

该模型适用于研究同时或相继几个人卷入事故的情况,以及类似矿山生产的连续生产的情况。

（3）信息处理过程中的人失误倾向

人的感觉器官接受的信息量大,而大脑处理信息的能力低,在信息处理过程中出现"瓶颈"现象。为了解决大脑在信息处理时的"瓶颈"现象,在信息预处理阶段要对接受的信息进行取舍、压缩及变形等处理。这就决定了人在信息处理过程中具有发生失误的倾向。

信息处理过程中的一些倾向有：

①简单化。人具有图省力、把事物简单化的倾向。如在工作中把自认为与当前操作无关的步骤舍去，或拆掉安全防护装置等。

②依赖性。人具有依赖性。喜欢依赖他人，如上、下级、同事等，或依赖他物，如规程、说明书及自动控制装置等。

③选择性。对输入的信息进行迅速的扫描并选择，按信息的轻重缓急排队处理和记忆。这使得人们的注意力过分地集中于某些特定的东西(操作、规程或显示装置)而忽视其他。

④经验与熟练。人对于某项操作达到熟练以后，可以不经大脑处理而下意识的直接行动。这一方面有利于熟练地、高效地工作；另一方面这种条件反射式的行为在一些情况下，如应急情况下，是有害的。

⑤简单推断。当眼前的事物与记忆中的过去的经验相符合时，就认为事物将按经验那样发展下去，对其余的可能性不加考虑而排斥。

⑥粗枝大叶、走马观花。随着对输入信息的扫描范围和速度的增加，忽略细节，舍弃定量而收集一些定性的信息。

这些倾向的不利方面是造成人失误的原因。为了克服它们，在工艺及操作、设备等的设计中要采取恰当的技术措施。例如，在设计警告装置时，要充分考虑如何把操作者从过度的精神紧张中解脱出来；针对应急情况进行训练、演习，避免条件反射式的动作等。

**3. 人失误致因分析**

（1）人失误原因

菲雷尔(Russell Ferrell)认为，作为事故原因的人失误的发生，可以归结到下述 3 个方面的原因：

①超过人的能力的过负荷。

②与外界刺激的要求不一致的反应。

③由于不知道正确方法或故意采取不恰当的行为。

在这里，过负荷是指人在某种心理状态下的能力与负荷不适应。负荷包括工作任务方面的负荷(体力的、信息处理的)、工作环境负荷(照明、噪声、嘈杂、需要抗争的紧张源)、心理负荷(担心、忧虑等)及立场方面的负荷(态度是否暧昧、危险性等)。人的能力取决于天分、身体状况、精神状态、教育训练、压力、疲劳、服药、使能力降低的紧张、反应能力等。

对外界刺激的反应与该刺激所要求的反应不一致，或操作与要求的操作不一致，是由于人机学方面的问题，如控制或显示不合理、矛盾的显示形式、矛盾的控制方式或布置、操作设计(尺寸、力、范围)不合适等，使得人的信息处理发生了问题。

采取不恰当的行为可能是由于不知道什么是正确行为(教育、训练方面的问题)，或者是由于决策错误而故意冒险。低估事故发生的可能性，或低估了事故可能带来后果的严重性会导致决策错误。它取决于个人的性格和态度。

皮特森(Petersen)在菲雷尔观点的基础上进一步指出，事故原因包括人失误和管理缺陷两方面的原因，而过负荷、人机学方面的问题和决策错误是造成人失误的原因，如图 5 - 14 所示。

（2）影响个人能力的因素

能力是直接影响活动效率，使得活动顺利完成的个性心理特征。工业生产的各种作业都要求人员具有一定的能力才能胜任。一些危险性较高、较重要的作业，特别要求操作者有较高

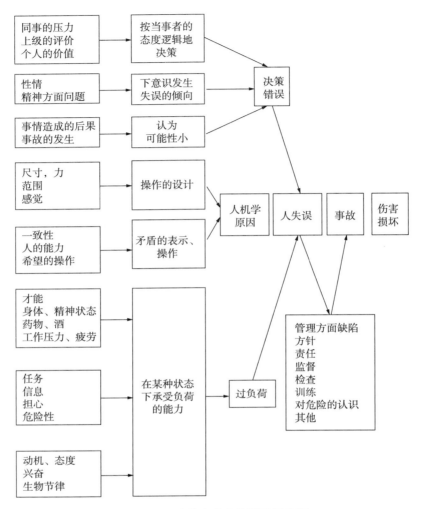

图 5－14　皮特森的人失误致因分析

的能力。

　　在这里,能力主要表现为感觉能力、注意能力、记忆能力、思维能力和行为能力等信息处理能力。美国的一位教授曾于 1930 年写了一篇文章,描述 1 个工人平时小心谨慎,就是经常出错,结果时常发生事故、多次受到伤害。后来发现此人运动配合能力低下,感觉器官不能精确地配合四肢运动,意识控制动作的能力低,其他能力如感觉能力、注意力、语言理解力箱表达力都很低。

　　人具有个体差异,每个人的能力是不同的。即使同一个人,其能力也是变化的。一般地,它取决于每个人的硬件状态、心理状态和软件状态。

　　1)硬件状态

　　硬件状态包括生理状态、身体状态、病理状态和药理状态。

　　①生理状态。疲劳、睡眠不足、醉酒、饥饿引起的低血糖等生理状态的变化会影响大脑的意识水平。生产环境中的温度、照明、噪声及振动等物理因素,倒班、生物节律等因素影响人的生理状态。

②身体状态。身体各部分的尺寸,各方向用力的大小,视力、听力及灵敏性身体状态影响人的活动范围,操作力量和感知、反应能力等。

③病理状态。疾病,心理、精神异常,慢性酒精中毒,脑外伤后遗症等病理状态影响大脑的意识水平。

④药理状态。服用某些药剂,如安眠药、镇静剂、抗过敏药等,会降低大脑意识水平。

2)心理状态

恐慌、焦虑会扰乱正常的信息处理过程。过于自信、头脑发热也妨碍正常的信息处理。家庭纠纷、忧伤等情绪不安定会分散注意力,甚至忘了必要的操作。生产作业环境、工作负荷及人际关系也影响人的心理状态。

3)软件状态

软件状态包括熟练技能、按规则行动能力及知识水平,经过职业教育和训练及长期工作经验,可提高软件水平。

在上述诸多因素中,操作者的生理状态、心理状态及软件状态对人失误的发生影响最大。其中,前面两种因素在相对短的时间内就会发生变化;而后者要经历较长的时间才能变化。

（3）影响人失误的外界因素

在工业生产过程中,影响人失误的外界因素包括生产作业的状况特性、工作指令、工作任务及人机接口等方面的问题,这些因素又称为绩效形成因子(perfomance shaping factor)。

1)状况特性

①建筑学特征。建筑学特征是指空间的大小、距离、配置,物体的大小、数量等工作场所的几何特性。如前所述,人有图省事的倾向。在许多仪表布置在相互距离很远的地方的场合,操作者可能从远处读取分散在不同地点的仪表读数而把数读错。

②环境的质量。温度、湿度、粉尘、噪声、振动、肮脏及热辐射等影响人的健康。恶劣的环境也增加人的心理紧张度。在恶臭及高温等环境下操作者急于尽快结束工作而容易失误。

③劳动与休息。科学地、合理地安排劳动与休息,可以防止人员疲劳,让人们精力充沛地工作。

④装置、工具、消耗品的质量及利用可能性。进行生产工作需要适当的装置、工具及物品,适当的利用这些装置、工具及物品可以提高工作效率、减少失误。

⑤人员安排。人员安排不合适时,增加人员的心理紧张度。

⑥组织机构。职权范围、责任、思想工作等对人员心理产生影响。

⑦周围的人际关系。领导、班组长、同事等的工作情况。

⑧报酬、利益。

2)工作指令

工作指令包括书面规程、口头命令、相互理解、注意、警告等形式。正确的工作指令有利于解决大脑信息处理过程的"瓶颈"问题。

3)工作任务

①要求的知觉。视觉表示比其他种类,如听觉等的表示更常用。但是人的视力有其局限性。在一定情况下某种表示装置比其余的更容易被感知。

②要求的动作。人的手足动作的速度、精度及力量是有限的,要求的动作应该在人的能力范围内。

③要求的记忆。短期记忆的可靠性不如长期记忆的可靠性高。

④要求的计算。人进行计算的可靠性较低,复杂的计算很容易出错。

⑤有无反馈。完成工作任务后的反馈可以调动人员的主动性和积极性。

⑥连续性。所谓连续性是指所需处理的各参数的空间、时间关系。连续多参数问题较离散单变量问题难得多。

⑦班组结构。有时一人干某项工作由他人监督。人与人之间良好的协作关系是非常重要的。

4)人机接口

应该精心设计人机接口。设计人机接口时应考虑的因素如下:

①显示器和操作器的设计。模块化,配置,形状,大小,倾斜,距离,数量,显示位数,颜色等。

②标记。记号,文字,颜色,场所,标准化,一致性,易见性,内容等。

③装置状态的表示。与装置的状态相对应的明确而一致的表示,如色彩一致等。

④表示信息量。必需的警报信号,按顺序的表示,阶层表示,图表表示等。

⑤机器状态的表示。如阀门正常表示、标记的易见性等。

⑥安全保护装置。如故障——安全设计、耐失误设计、连锁机构及警报装置等。

**4. 人失误的控制方法**

如前所述,人失误的表现形式多种多样,产生原因非常复杂。"人是容易犯错误的动物",因此,防止人失误是一件非常困难的事情。从安全的角度,可以从 3 个阶段采取措施防止人失误:①控制、减少可能引起人失误的各种原因因素,防止出现人失误;②在一旦发生了人失误的场合,使人失误不至于引起事故,即使人失误无害化;③在人失误引起了事故的情况下,限制事故的发展、减小事故损失。

可以从技术措施和管理措施两方面采取防止人失误措施,一般地,技术措施比管理措施更有效。

(1) 防止人失误的技术措施

常用的防止人失误的技术措施有用机器代替人操作、采用冗余系统、耐失误设计、警告等。

1)用机器代替人

用机器代替人操作是防止人失误发生的最可靠的措施。随着科学技术的进步,人类的生产、生活方面的劳动越来越多地为各种机器所代替。例如,各类机械取代了人的四肢,检测仪器代替了人的感官,计算机部分地取代了人的大脑等。由于机器在人们规定的约束条件下运转,自由度较少,不像人那样有行为自由性,所以很容易实现人们的意图。与人相比,机器运转的可靠性较高。机器的故障率一般在 $10^{-4} \sim 10^{-6}$ 之间,而人失误率一般在 $10^{-2} \sim 10^{-3}$ 之间。因此,用机器代替人操作,不仅可以减轻人的劳动强度、提高工作效率,而且可以有效地避免或减少人失误。

应该注意到,尽管用机器代替人可以有效地防止人失误,然而并非任何场合都可以用机器取代人。这是因为人具有机器无法比拟的优点,许多功能是无法用机器取代的。在生产、生活活动中,人永远是不可缺少的系统元素。因此,在考虑用机器代替人操作的时候,要充分发挥人与机器各自的优点,让机器去做那些最适合机器做的工作,让人做那些最适合人做的工作。这样,既可以防止人失误,又可以提高工作效率。表 5-3 列出了机器与人各自的基本特征的对比情况。

表 5 – 3　机器与人的特性的对比

| 特性 | 机器 | 人 |
|---|---|---|
| 感知能力 | 可感知非常复杂的,能以一定方式被发现的信息;<br>较人的感觉范围大;<br>在干扰下会偏离目标 | 可能从各种信息中发现不常出现的信息;<br>在良好的条件下可以感知各种形式的物理量;<br>可以从各种信息中选择必要的信息;<br>在干扰下很少偏离目标 |
| 信息处理能力 | 有较强的识别时空、方式的能力;<br>成本越高则可靠性越高;<br>可以快速、正确地运算;<br>处理的信息量大;<br>记忆的容量大;<br>没有推理和创造能力;<br>过负荷会发生故障、事故 | 可以把复杂的信息简化后处理;<br>可采取不同方法,从而提高可靠性;<br>有推理、创造能力;<br>可承受暂时过负荷;<br>计算能力差;<br>处理信息量小;<br>记忆容量小 |
| 输出能力 | 功率大、持续性好;<br>同时多种输出;<br>滞后时间短;<br>需要经常维修保养 | 力气小、耐力差;<br>摸仿能力差;<br>持续作业时能力随时间下降,休息后又恢复;<br>滞后时间长 |

概括地说,在进行人、机功能分配时,应该考虑人的准确度、体力、动作的速度及知觉能力等 4 个方面的基本界限,以及机器的性能、维持能力、正常动作能力、判断能力及成本等 4 个方面的基本界限。人员适合从事要求智力、视力、听力、综合判断力、应变能力及反应能力的工作;机器适于承担功率大、速度快、重复性作业及持续作业的任务。应该注意,即使是高度自动化的机器,也需要人员来监视其运行情况。另外,在异常情况下需要由人员来操作,以保证安全。

2)冗余系统

采用冗余系统是提高系统可靠性的有效措施,也是提高人的可靠性、防止人失误的有效措施。

冗余是把若干元素附加于系统基本元素之上来提高系统可靠性的方法。附加上去的元素称做冗余元素;含有冗余元素的系统称做冗余系统。冗余系统的特征是,只有一个或几个而不是所有的元素发生故障或失误,系统仍然能够正常工作。用于防止人失误的冗余系统主要是并联方式工作的系统。

①二人操作。本来由一个人可以完成的操作,由两个人来完成。一般地,一人操作另一人监视,组成核对系统(Check System)。如果一个人操作发生失误,另一个人可以纠正失误。根据可靠性工程原理,并联冗余系统的人失误概率等于各元素失误概率的乘积。假设一个人操作发生人失误的概率为 $10^{-3}$,则两个人同时发生人失误的概率为 $10^{-6}$,相应地,系统发生失误的概率非常小。

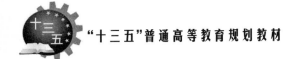

许多重要的生产操作都采取二人操作方式防止人失误的发生。例如,为保证飞行安全,民航客机由正、副两位驾驶员驾驶;大型矿井提升机由两位司机运转等。近年来随着计算机的推广普及,计算机数据库中数据录入的准确性受到了人们的重视。在录入一些重要数据(如学生考试成绩)时,采取两人分别录入数据,然后利用计算机将两组数据比较的方法防止录入失误。

应该注意,当两人在同一环境中操作时,有可能由于同样原因而同时发生失误,即两者的失误在统计上互相不独立,或称共同原因失误。在这种情况下,冗余系统的优点便体现不出来了。为此,必须设法消除引起共同原因失误的原因。例如,为了防止民航客机的正、副驾驶员同时食物中毒,分别供给来源不同的食物;为了防止处于同一驾驶室的正、副驾驶员发生同样的失误,由处于不同环境的地面管制人员监视他们的操作。

②人机并行。由人员和机器共同操作组成的人机并联系统,人的缺点由机器来弥补,机器发生故障时由人员发现故障并采取适当措施来克服。由于机器操作时其可靠性较人的可靠性高,这样的核对系统比二人操作系统的可靠性高。

目前许多重要系统的运转都采用了自动控制系统与人员共同操作的方式。例如,民航客机上装备有自动驾驶系统;列车上装有自动列车控制装置等,与驾驶员组成人机并行系统。当人员操作失误时有自动控制系统来纠正;当自动控制系统故障时有人员来控制,使系统的安全性大大提高。

③审查。各种审查(Review)是防止人失误的重要措施。在时间比较充裕的场合,通过审查可以发现失误的结果而采取措施纠正失误。例如,通过设计审查可以发现设计过程中的失误;通过对文稿、印刷清样的审查、校对,发现书写、印刷中的错误。

3)耐失误设计

耐失误设计(Foolproof)是通过精心地设计使得人员不能发生失误或者发生失误了也不会带来事故等严重后果的设计。

耐失误设计一般采用如下几种方式:

①用不同的形状或尺寸防止安装、连接操作失误。例如,把三线电源的三只插脚设计成不同的直径或按不同的角度布置,如果与插座不一致就不能插入,可以防止因为插错插头而发生电气事故。又如,为了防止用不符合规定的容器称量化学品,使用特制的秤,如图5-15所示。

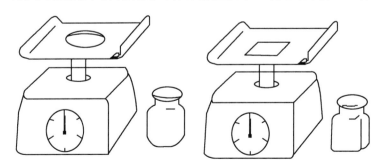

图5-15 防止用错容器的秤

②采用连锁装置防止人员误操作

紧急停车装置:在一旦发生人失误可能造成伤害或严重事故的场合,采用紧急停车装置可以使人失误无害化。紧急停车方式有如下两种:

a）误操作直接迫使机械、设备紧急停车。例如,洗衣机的甩干筒运转时,如果筒盖被掀开,甩干筒立即停止运转,防止伤害人的手臂。

b）采用安全监控系统。当操作过程中人体或人体的一部分接近危险区域时,安全监控系统使机械、设备紧急停车,防止人员受到伤害或产生其他危害。例如,各种光电控制系统、红外线控制系统等。

设置自动停车装置:在有可能由于操作者的疏忽忘记停车而带来严重后果的场合,设置自动停车装置。例如,有的列车上设有列车自动停车装置,当列车接近红信号时使列车自动停止。这样,即使司机发生失误也不会发生列车碰撞事故。

采取强制措施迫使人员不能发生操作失误:在人失误可能造成严重后果的场合,采取特殊措施强制人员不能进行错误操作。例如,冲压机械运转的场合,操作工可能在冲头下行时不注意把手伸进机械的危险区域中而受伤。防止冲压伤害事故的一种措施是利用与冲头运动连锁的装置,把操作者的手强行推出或拉出危险区域,如图 5－16 所示。

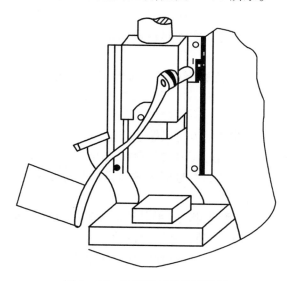

图 5－16　冲压机械的推手装置

③ 采用连锁装置使人失误无害化。例如,飞机停在地面上的场合,如果驾驶员误触动了起落架收起按钮,则起落架会收起使机体着地而损坏飞机。把起落架液压装置与飞机轮刹车系统连锁,可以防止驾驶员误操作损坏飞机。

4）警告

在生产操作过程中,人们需要经常注意到危险因素的存在,以及一些必须注意的问题。警告是提醒人们注意的主要方法,它让人们把注意力集中于可能会被漏掉的信息。

为了识别输入的信息并作出正确的决策,需要调用长期记忆中储存的知识和经验。然而,有时当前的工作任务没有提示或要求人员调用长期记忆中的知识和经验,导致操作失误。警告可以提示人员调用他的知识或经验。

提醒人们注意的各种信息都是经过人的感官传达到大脑的。于是,可以通过人的各种感官来实现警告。根据所利用的感官之不同,警告分为视觉警告、听觉警告、气味警告、触觉警告及味觉警告。

①视觉警告

视觉是人们感知外界的主要器官,视觉警告是最广泛应用的警告方式。视觉警告的种类很多,常用的有下面几种:

a)亮度。让有危险因素的地方比没有危险因素的地方更明亮以使注意力集中在有危险的地方。明亮的变电所表明那里有危险并可以发现小偷和破坏者。障碍物上的灯光可防止行人、车辆撞到障碍物上。

b)颜色。明亮、鲜艳的颜色很容易引起人们的注意。设备、车辆、建筑物等涂上黄色或桔黄色,很容易与周围环境相区别。在有危险的生产区域,以特殊的颜色与其他区域相区别,防止人员误入。有毒、有害、可燃、腐蚀性的气体、液体管路应按规定涂上特殊的颜色。

c)信号灯。经常用信号灯来表示一定的意义,也常用来提醒人们危险的存在。一般地,信号灯颜色含义为:红色表示有危险、发生了故障或失误,应立即停止;黄色表示危险即将出现的临界状态,应注意,缓慢进行;绿色表示安全、满意的状态;白色表示正常。

信号灯可以利用固定灯光或闪动灯光。闪动灯光较固定灯光更能吸引人们的注意,警告的效果更好。反射光也可用于警告。在障碍物或构筑物上安装反光的标志,夜晚被汽车灯光照射反光而引起司机的注意。

d)旗。利用旗做警告已有很长的历史了。可以把旗固定在旗杆上或绳子上、电缆上等。爆破作业时挂上红旗以防止人员进入。在开关上挂上小旗,表示正在修理或因其他原因不能合开关。

e)标记。在设备上或有危险的地方可以贴上标记以示警告。如指出高压危险、功率限制、负荷、速度或温度限制等;提醒人们危险因素的存在或需要穿戴防护用品等。

f)标志。利用事先规定了含义的符号标志警告危险因素的存在,或应采取的措施。如道路急转弯处的标志、交叉道口标志等。

g)书面警告。在操作、维修规程,指令、手册及检查表中写进警告及注意事项,警告人们存在着危险因素,特别需要注意的事项及应采取的行动,应配戴的劳动保护器具等。如果一旦发生事故可能造成伤害或破坏,则应该把一些预防性的注意事项写在前面显眼的地方,引起人们的注意。

②听觉警告

在有些情况下,只有视觉警告不足以引起人们的注意。例如,当人们非常繁忙时,即使视觉警告离得很近也顾不上看;人们可能挪到看不见视觉警告的地方去工作等。尽管有时明亮的视觉信号可以在远处就被发现,但是设计在听觉范围内的听觉警告更能换起人们的注意。

有时也利用听觉警告唤起对视觉警告的注意。在这种情况下,视觉警告会提供更详细的信息。

预先编码的听觉信号可以表示不同的内容。一般来说,在下述情况下应采用听觉警告:传递简短、暂时的信息,并要求立即做出反应的场合;当视觉警告受到光线变化的限制,操作者负担过重,操作者受移动或不注意等限制时,应采取听觉警告;唤起对某些信息的注意;进行声音通讯时。

当要求对紧急情况作出反应时,除了采用听觉警告外,还要有补充的信息或冗余的警告信号。常用的听觉警报器有喇叭、电铃、蜂鸣器或闹钟等。

③气味警告

可以利用一些带特殊气味的气体进行警告。气体可以在空气中迅速传播,特别是有风的时候,可以传播很远。

由于人对气味能迅速地产生退敏作用,用气味做警告有时间方面的限制。只有在没有产生退敏作用之前的较短期间内可以利用气味作警告。

工程上常见的气味警告的例子可列举如下:

a)在易燃易爆气体里加入气味剂。例如,天然气是没味的。为减少天然气的火灾爆炸危险,把少量有浓郁气味的芳香烃气体加入输送管中,一旦有天然气泄漏,立即可被察觉。

b)根据燃烧产生的气味判断火的存在。不同的物质燃烧时产生不同的气味,于是可以判定什么东西在燃烧。但是,在防火设计中不可考虑这种方法。

c)在紧急情况下,向人员不能迅速到达的地方利用芳香烃气体发出警报。例如,矿井发生火灾时,往压缩空气管路中加入乙硫醇,把一种烂洋葱气味送入工作面,通知井下工人采取措施。

d)用芳香烃气味剂检测设备过热。当设备过热时,芳香烃气味剂蒸发,使检修人员迅速发现问题。

④ 触觉警告

振动是一种主要的触觉警告。国外交通设施中广泛采用振动警告的方式。突起的路标使汽车振动,即使瞌睡的司机也会惊醒,从而避免危险。

温度是另一种触觉警告。

（2）防止人失误的管理措施

防止人失误的管理措施很多,归纳起来主要有以下几个方面:根据工作任务的要求选择合适的人员;推行标准化作业,通过教育、训练提高人员的知识、技能水平;合理地安排工作任务,防止发生疲劳和使人员的心理紧张度最优;树立良好的企业风气,建立和谐的人际关系,调动职工的安全生产积极性。

1）持证上岗

各种工作岗位对人员素质都有一定的要求。在上岗之前经过培训并考核合格后取得上岗许可证,表明人员已经具备了符合岗位要求的基本素质,掌握了准确进行生产操作的基本技能。持证上岗可以防止由于缺乏必要的知识、技能而发生的人失误。

2）作业审批

在进行重要的、危险性较高的作业之前,由管理部门进行作业审批,可以保证操作者的资格、能力等个人特征符合作业任务要求,保证作业在有充分准备、可靠的安全措施的情况下进行。我国不同行业、部门的作业审批形式、内容不尽相同,但是都做了明确规定。例如,石油化工等有燃烧、爆炸危险的场所动火前要有"动火票"等。

3）安全确认

安全确认是在操作之前对被操作对象、作业环境和即将进行的操作行为实行的确认。通过安全确认可以在操作之前发现和纠正异常情况或其他不安全问题,防止发生操作失误。

安全确认的形式很多。例如,日本企业中推广铁路运输作业中的"指差呼称"活动。所谓"指差呼称"其含义是"用手指、用嘴喊",即操作之前用手指着被操作对象,用嘴喊操作要点来确认被操作对象和将要进行的动作。我国有些企业也开展类似的活动。

（二）不安全行为及其控制方法

**1. 个人不安全行为及控制概述**

根据行为安全"2－4"模型，个人不安全行为包括两方面：①作为事故直接原因之一的事故引发者引发事故瞬间的具体动作，称为一次性行为；②作为事故间接原因，即产生事故间接原因的习惯性行为，可以是安全知识、安全意识和安全习惯三项中的一项或者几项。一次性行为和习惯性行为都是个人行为，大约分3种。第一种是违章行为，第二种是不违章或规章没有规定但根据经验可能产生事故的行为，第三种是事故案例中表现出来的不安全行为。当然，这三种行为并不是彼此完全独立的，而可能相互交叉。

对个人不安全行为的控制，主要是指事故引发人的自觉控制，其次才指外界（其他人）对事故引发人行为的控制，如安全监管、安全检查等。控制方法大概分为监管、提示、知识控制、意识训练、习惯养成等。

**2. 个人不安全动作的产生主体**

就出事故的主体组织而言，一般认为，一线员在现场操作，所以不安全动作就是一线员工产生的。虽然大部分不安全动作是一线员产生的，但管理人员也可能产生不安全动作，如违章指挥。而且管理人员也可能到现场进行实际操作，管理人员也必然涉及行车、走路、穿工装、戴安全帽等动作，所以不安全动作也不少。此外，将人员分为管理人员和一线员本身也是不科学的，因为从哪一级员工开始叫做管理人员，并没有严格规定，不同的单位有不同的情况。因此，有学者认为，只要是员工（可以是任何级别的）个人发出的行为（动作是行为的一种，即一次性行为）就是个人行为。管理人员的行为也是个人行为，而不是组织行为，管理人员代表组织作决定的行为尽管代表组织，但是说话、做事仍然是其个人的生理动作，所以依然是个人行为。管理人员的个人不安全动作和一线员工的不安全动作并无本质区别，如领导持笔签字、审批等，如果询问过一切安全事项，审查过文件的内容再签字，那就是安全动作，草率签字就是不安全动作，这和工人在现场考虑各种危险因素后再进行按电钮操作设备的动作是完全类似的。组织行为指的是组织整体的安全文化、安全管理体系的完善程度或者其运行情况，不是某个员工（可以是任何级别）个人的行为。

**3. 不安全动作的控制方法**

不安全动作是事故的直接原因，已经处于行为安全"2－4"模型行为发展链条的末端，距离事故的发生已经很近，所以控制方法实际上已经不多，典型的方法基本只有现场监察、检查、同伴提醒、安全标志提醒等有限的几种方式。

（1）外部监察、检查。监察是国家行政部门人员的执法活动，检查则是组织内部人员的发现、督促、纠正活动，其作用都相近，包括同伴提醒，都是由其他人员发现操作人员的不安全动作，发现了一般会立即纠正，所以对于现场控制不安全动作是有效的。但是其效果很难长久持续，同时检查也不可能发现全部不安全动作，有时被检查的员工在被动接受检查时，会有躲避检查、抵触检查等现象，所以作用较为有限，但作为个人行为控制的末阶段方法，必不可少。监察与检查活动对于习惯性行为、组织行为等方面也都是有一定作用的。

（2）标志提醒。标志主要通过视觉提醒来使操作人员避免不安全行为，可以安设在操作现场，随时起作用。安全标志的作用可以理解为主动提醒，所以效果还是比较好的。当然，标志需要妥善制作，尤其是要按照法规、标准的要求来制作与安装。其实安全标志的作用是广泛的,对于习惯性行为、组织行为等各个方面都很有作用,而且对不安全动作的控制是为数不多的重要方法之一。图5-17给出了一些安全标志的图样,图5-18是知识性安全标志实例。

(a)禁止吸烟　　　(b)注意安全　　　(c)必须戴安全帽　　　(d)可动火区

图5-17　安全标志的图样

安全十大禁令

一、严禁穿木屐、拖鞋、高跟鞋及不戴安全帽人员进入施工现场作业。

二、严禁一切人员在提升架、吊机的吊篮上落及在提升架井口或吊物下操作、站立、行走。

三、严禁非专业人员私自开动任何施工机械及驳接、拆除电线、电器。

四、严禁在操作现场(包括在车间、工场)玩耍、吵闹和从高空抛掷材料、工具、砖石、砂泥及一切什物。

五、严禁土方工程的偷岩取土及不按规定放坡或不加撑的深基坑开挖施工。

六、严禁在不设栏杆或其他安全措施的高空作业和单于墙、出砖线上面行走。

七、严禁在未设安全措施的同一部位上同时进行上下交叉作业。

八、严禁带小孩进行施工现场(包括车间、工场)作业。

九、严禁在高压电源的危险区域进行冒险作业及不穿绝缘水鞋进行机动磨水石米操作,严禁用手直接提拿灯头,电线移动摄照明。

十、严禁在有危险品、易燃品、木工棚场的现场、仓库吸烟、生火。

KEAKU

安全生产牌

一、进入施工现场,必须遵守安全生产规章制度。

二、进入施工区内,必须带安全帽,机操作工人必须戴压发防护帽。

三、在建工程的"四口"、"五临边"必须有防护设施。

四、现场内不准打赤脚,不准穿拖鞋。高跟鞋、喇叭裤和酒后作业。

五、高空作业必须系好安全带,严禁穿皮鞋及带钉易滑鞋。

六、非有关操作人员不准进入危险区内。

七、未经施工负责人批准,不准任意拆除架子设施及安全装置。

八、严禁从高空抛掷材料、工具、砖石、砂泥及一切杂物。

九、架设电线必须符合有关规定、电气设备必须保护接零。

十、施工现场的危险区域应有警戒标志,夜间要有照明示警。

图5-18　知识性安全标志

### 4. 个人习惯性行为的控制方法

习惯性行为是事故的间接原因,它本身并不产生事故,只会产生不安全动作、不安全状态,这两者才产生事故。所以习惯性行为控制的直接目的是减少不全动作和不安全状态的产生。

(1)知识控制

知识控制就是增加员工的安全知识,是减少事故直接原因的最有效的方法。一方面,知识多了,员工在操作现场就会减少不安全动作和不安全物态;另一方面,知识多了,安全意识就会高,就会及时重视、及时消除每个不安全的动作和物态。同时,知识多了,安全习惯就会好,有了好的安全习惯也会减少不安全的动作和物态。知识控制的作用原理如图5-19所示。

安全知识不足引起不安全动作,不安全动作引起事故的案例实在太多。就煤矿瓦斯爆炸事故而言,多起事故都是由矿工在井下拆卸矿灯引起,而在井下拆修矿灯是安全规章严格禁止的不安全动作,可是为什么又会持续发生呢?这虽然与员工意识不高、不重视规章有关,也与

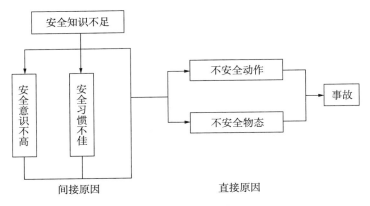

图 5 – 19　安全知识的作用原理

矿工遇到不好使用的工具、设备就随手维修的不良习惯有关,但最重要的是矿工缺乏井下拆卸矿灯会引起瓦斯爆炸的相关知识、原理知识,如果知识充分,知道井下拆卸矿灯能引起瓦斯爆炸事故,那就有理由相信工人一定不会有"拆卸"这个不安全动作,一定会具有"严禁井下拆卸矿灯"的安全意识,随手维修的习惯也会在很大程度上得到克服。所以,知识控制的作用是多方面的。

　　知识不足引起的事故在日常生活中比比皆是。据记者李鹏翔 2012 年 3 月 28 日在《新华每日电讯》第 8 版报道,2010 年 9 月 17 日中午,郑州市文化路上,一辆奥迪自动挡轿车在撞倒一骑电动车的男子并停车后,汽车又突然启动,从被撞男子身上碾轧过去。据查,撞人后,奥迪轿车驾驶人曾离开座位,到车门外查看情况,脚离开刹车踏板,最终导致车辆再次前进。民警指出,离开驾驶座就意味着解开安全带,轿车应该自动停止前行。但随后警方发现,司机并没有系安全带,而是使用了一个安全带插扣,插扣一直插在原本应插安全带的插口上。这个插扣让汽车电子手刹系统默认驾驶员还在驾车,因此并没有启动自动刹车。此案例中,司机不具备这些知识而是错用了插扣,造成严重后果。此类事故的预防办法是增加司机的安全知识(使用知识控制方法),彻底摒弃插扣。现实中还有很多人不知道汽车安全带能够在车辆受到正面、侧面撞击和翻车时可分别减少死亡率57%,44%,80%,更不知道在正确的时间以正确方式系上安全带时,汽车的电子系统、安全系统(含安全气囊、电子自动手刹等)才能正确发挥作用,因此很多人就在汽车正常或低速行驶时不系安全带,代之以静音扣(插扣)消除提示音的"干扰",这都是知识不足的表现。

　　安全知识不足引起安全意识不高,意识不高产生不安全动作,不安全动作产生事故的案例也很多。安全知识不足引起安全习惯不佳,安全习惯不佳产生不安全动作,不安全动作再产生事故的案例也很常见。

　　绝大部分事故是由于知识不足引起的,所以知识控制是特别重要的不安全动作控制方法。因此,案例知识数据库的开发和应用就显得极为重要,无论对于企业的安全培训还是学校的教学,都是不可缺少的。员工有了知识,就可以实现行为的自觉控制。其实人们常说的"严不起来,落实不下去",其关键原因就在于知识不足。

　　(2)意识控制

　　安全意识,其实就是对危险源的重视程度和及时处理的能力。意识训练目前在国内外还缺少有效的方法,一般来说只能是根据图5-19,首先进行知识控制,通过知识控制达到提高安全意识的目的。安全知识水平决定安全意识的水平。例如,一位秘书打开文件柜的抽屉找某个文件夹,这时电话铃响了,她没关上抽屉就去接电话,并开始交谈,在此期间另一位职员走进办公室,被没有关上的抽屉撞伤了腿。该案例首先说明这样的抽屉能够使人受伤,需要重视,然后说明"只要有可能发生的事情就一定会发生"(墨菲定律),使人进一步重视没有关上的抽屉。这其实也是知识训练或知识培训。这一方面说明用知识来控制不安全动作的发生是特别有用的方法,另一方面也说明安全知识、安全意识和安全习惯是难以分开的3个习惯性行为方面。

(3)习惯控制

习惯训练的方法有很多。制定和实施标准操作程序(作业规程)、行为安全方法的直接目标都主要是使员工养成良好的操作行为习惯。安全习惯形成的关键在于反复训练,同时习惯的形成也很大程度上依赖安全知识的增加。

(4)使用人机工程学方法控制人的行为

"挂牌上锁"是一种人机工程学方法,它是为防止在设备检修、维护过程中因电力合闸而造成伤害,一般用于设备检修、维修时可能给实施者带来危险的情况,如图5-20所示。实际上使用技术措施来控制人的行为应该是最可靠的措施,但是人的行为是多种多样的,发生在各个地方和各个时间段,都使用技术装备来控制是不可能的。而且技术进步也可能产生新的问题,例如,使用电动剃须刀代替了手动剃须刀,手动剃须刀的安全问题(如刮破皮肤)没有了,可是又带来了皮肤过敏、地磁辐射、机械伤害、电器伤害等,所以目前以及未来完全使用技术装备控制人的行为以保证安全还是不可能的。

图5-20　上锁挂牌实例

 思 考 题

1. 事故的发展阶段有哪些?
2. 事故的预防原则有哪些?

3. 何为失误——安全功能和故障——安全功能?

4. 减少事故发生概率方法有哪些?

5. 降低事故严重度方法有哪些?

6. 安全目标管理的特点是什么?

7. 目标成果考评应遵循什么原则?

8. 为提高安全教育效果,应注意哪些问题?

9. 安全文化定义是什么? 它对事故预防具有什么样的作用?

10. 人失误的控制方法有哪些?

11. 不安全动作的控制方法有哪些?

# 参考文献

[1]林柏泉.安全学原理[M].第1版.北京:煤炭工业出版社,2002.

[2]林柏泉.安全学原理[M].第2版.北京:煤炭工业出版社,2013.

[3]金龙哲,杨继星.安全学原理[M].北京:冶金工业出版社,2010.

[4]王凯,王佰顺.安全原理[M].徐州:中国矿业大学出版社,2012.

[5]傅贵.安全管理学——事故预防的行为控制方法[M].北京:科学出版社,2013.

[6]张景林,林柏泉.安全学原理[M].北京:中国劳动社会保障出版社,2011.

[7]张景林.安全学[M].北京:化学工业出版社,2009.

[8]陈宝智.安全原理[M].第2版.北京:冶金工业出版社,2004.

[9]何学秋.安全工程学[M].徐州:中国矿业大学出版社,2002.

[10]陈宝智.系统安全评价与预测[M].第2版.北京:冶金工业出版社,2011.

[11]郑小平,高金吉,刘梦婷.事故预测理论与方法[M].北京:清华大学出版社,2009.

[12]程根银.安全科技概论[M].北京:中国矿业大学出版社,2008.

[13]徐志胜.安全系统工程[M].北京:机械工业出版社,2007.

[14]金龙哲,宋存义.安全科学原理[M].北京:化学工业出版社,2004.

[15]隋鹏程,陈宝智,隋旭.安全原理[M].北京:化学工业出版社,2005.

[16]李树刚.安全科学原理[M].西安:西北工业大学出版社,2008.

[17]张兴容,李世嘉.安全科学原理[M].北京:中国劳动社会保障出版社,2004.

[18]韦冠俊.安全原理与事故预测[M].北京:冶金工业出版社,1994.

[19]于殿宝.事故预测预防[M].北京:人民交通出版社,2007.

[20]罗云,吕海燕,白福利.事故分析预测与事故管理[M].北京:化学工业出版社,2006.

[21]田水承,景国勋.安全管理学[M].北京:机械工业出版社,2009.

[22]傅贵,陆柏,陈秀珍.基于行为科学的组织安全管理方案模型[J].中国安全科学学报,2005,15(9):21-27.

[23]傅贵,殷文韬,董继业,等.行为安全"2-4"模型及其在煤矿安全管理中的应用[J].煤炭学报,2013,38(7):1123-1129.